モータリゼーションの風景

最前線で取材してきた
ジャーナリストが伝えたいこと

日刊自動車新聞社 元常務

栗山 定幸

序文――モータリゼーションの進展を目撃し続けてきた新聞記者

著者の栗山定幸氏は、一九五八年に日刊自動車新聞社に入社、一九九九年に監査役の職を辞すまで同社と共に歩み続けた。入社の年はスバル三六〇が発売された年で、まさにモータリゼーションの進展をその草創期から成熟期に至るまで自らの目で目撃し続けてきた新聞記者と言っていい。

著者は早くから海外取材も行ない、「外車」が大きな位置を占めていた当時、先進国の自動車社会の有り様（よう）を報告している。さらに、同紙の総合デスク制の実施、本邦として自動車ユーザー向けメディアをリードした「日曜版」のモータリゼーション総合紙としての成立などに実績を残す。

特筆すべきは三十代半ばで論説委員に抜擢され、一面下のコラム霧灯、社説に相当する論調に健筆を振るい続けたことだ。とくに霧灯は一九七六年から一九九二年六月に編集局長に就任するまでの約十六年間にわたり、一度として他に任せることなく、毎日執筆し続けた。

著者はまた、自動車もさることながら、自動車を取り巻く社会文化への取材に関心を持ち、モータリゼーションの進展にふさわしいインフラ、道路の整備のあり方について提言を続けてきた。日刊自動車新聞を代表し、道路審議会の専門委員や日本交通政策研究会の委員なども務め、そこで深く広い知見とともに、学者や文化人などとの交流を深め、人脈も築いた。

本書のいずれのコラムにも滲み出ているユーモアとウイットに富んだ軽妙洒脱な文体はこうした長年にわたるコラム執筆と幅広い人たちとの交流の中で磨かれてきたものではないかと推察している。

日刊自動車新聞社編集局長　武川　明

1993年、日刊自動車新聞の新春インタビューで、久米 豊日産自動車社長（当時）に話を聞く。

もくじ

二人の時代作家

東京を始め、日本を、そして多くの日本人を、一挙に江戸時代に引き戻した作家、池波正太郎と藤沢周平。その描かれている世界、そこで生活し、活躍している人物たちの動きは、今日のモビリティー社会をそのまま投影しているように思われる。

井上ひさし「海坂藩・城下図」

作家井上ひさしの〝傑作〟に「海坂(うなさか)藩・城下図」というのがある。

と言っても、小説でも戯曲でもない――などと改めて断わる必要は、恐らく無いにちがいない。

海坂藩は、江戸より百二十里。

その城下町が、城の本丸を中心にして、川、濠(ほり)、掘割りのブルー、植栽や立ち樹の緑、主要街路の上をなぞったブラウン、そして注釈を目立たせるための赤と四色の線や点を、見取り図の上に使いわけながら詳細に書き込まれている。

赤枠でかこまれた注釈の中にはさらに疑問符が赤マルでかこまれていて、たとえば「代官町が二つある」とか「『西はずれ』とあるのは『北はずれ』にちがいない」などという指摘まである。

山形新聞に昭和六十一年七月九日から六十二年四月十一日まで連載され、六十三年五月十日、一冊になって発行された藤沢周平の代表作のひとつ『蟬しぐれ』に出て来る架空の藩「海坂藩」の城下を、井上ひさしさんらしい丹念さとイメージの豊かさで再現したものである。そんなことを改めて説明する必要の無いことは、すでに述べた。が、それにしても…。

藤沢周平の死も惜しんで余りあるし、同時に井上ひさしさんのお人柄も…。

その海坂藩城下図を眺めていて、同様に町の真中に、規模こそ違えでんとお城（江戸城＝現在は宮城）のある東京の道路のことを考えた。普段、くるまを自分で運転しながら走りつけていない限り、いきなり二地点間を最短距離で走ろうとしても——この場合、一方通行であるから迂回する必要がある、などと言う類いのことは別にして——不可能に近いのではないか、と思われることだ。たとえそれが旧東京市内、あるいは戦後に拡大していった二十三区内であったとしても——。

いくつか、理由、へ理屈は考えられる。

東京は、世界一、電車、地下鉄など公共交通機関が発達している。だから頭の中にはその線路の、とりわけＪＲの電車（昔は省線、それが国電になって、その国鉄が民営化されこの辺りは東日本旅客鉄道株式会社になって、そこに天下って来た元お役人の高級官僚の発案かそれが民営化になったことをPRするのに都合がよいと考えたかわからないが、その旧省線の呼称を募集して『E電』などと言うけったいな名前をつけて、その結果、それがあまりにけったいでとってつけたようなので誰もそんな呼称で呼ぶ利用者はいなくて、だから、いま現在、何と呼んでいいかわからない)の利用感覚で、東京の〝城下図〟を考えるからかも知れない。

この場合、都心、東京・丸の内、有楽町、銀座といった辺りから方角の見当をつけ始めて、だから、中央線は北の方に真すぐ行って新宿、立川、八王子に至る。実は、真西に近い方角に走っているのに。このことが、くるまの場合の〝二地点間〟を狂わせる。

もともと城下町として発展し、都市づくりが行なわれた、だから、幹線が、江戸城を中心に、同心円上ではなくてうず巻型につくられていて、その間を、もともと田舎の道だった無秩序なルートが埋めている。だから、城に出勤する大名、武士たちのために、城を中心にきちんと区画整理されたところは別にして、どこがどこに通じているのか、東西南北のどちらに向かっているのか、良くわからない、ということもある。

そこに、三つ目の理由として、案内標識のわけのわからなさ、というのが加わる。強いて弁護すれば、欧米諸都市のように地名が道路・街路の単位ではなくて、面(スペース)に対してつけられているからかも知れないのだが。

東京を例にすれば、こんなところになるが、海坂藩、小なりといえども、小説の藤沢周平の流麗な表現をイメージで再現しようとするのだから、理詰めで行くと、〝代官町が二つ〟になったりするのは、止むを得ないのかもしれない。

藤沢周平と池波正太郎

こう言うことを書いていると、切りが無くなる。ここで指摘したいのは、小説が城下図で再現出来るような小説を書く藤沢周平や、その藤沢と並ぶあの池波正太郎を読んでいると、それまでの、いわゆる時代小説の作家と違うところを感ずる、と言うことだ。

たとえば藤沢周平で言うと、さきの海坂藩の『蟬しぐれ』もさることながら、あの、ある意味では恋愛小説の究極の傑作と言ってもいい『海鳴り』の、冒頭の描写がある。

「料理茶屋井筒の玄関先は、ひとで混雑している。寄合いを終った紙問屋の主人たちが、一度に出て来たせいだった。

茶屋で呼んだ駕籠がつぎつぎにひとを運んで去るその間にも……」（文藝春秋社刊『海鳴り』より）

その駕篭を待って立ち話する者、あらためて二次会の相談をする者、駕篭を待てないで往来に歩き出す者、その駕篭を手配し指図している茶屋の者……。

すぐに思い当たるが、この情景は、私たちがふだん見なれている、総会などが終了した後の都心の大ホテルの玄関先に、次々にタクシーと、自家用のリムジンが乗りつけているあのシーンにそっくりだ。

思い出せる範囲で思い出すと、ちょっと小品だが、「夢ぞ見し」という短編もある。お家騒動の渦中の若い殿様が、身分をかくして、無口な忠臣の家にある日、居候として現われる。カミさんは、無愛想な亭主への不満もからまって面白くない。が、ある夕方、その若様が反対派に襲撃され、亭主の働きもあって撃退した。が、その後、乗馬で警護の一団が待つ峠に向かう。その馬の扱いは、言うならば足の早いスポーツカーのようなイメージがある。

もう一人、池波正太郎の小説も、言うまでもない。

基本的には、徒歩と町駕篭による移動だがその町駕篭は、小説に出て来る地名と現在の町名を重ね合わせ、距離、所要時間などを考えると、まさにタクシーそのものの感覚で書かれている。

それ以上に、ハイライトは、現在でこそその情緒ある風景もろともに貧しい都政のために埋め立てられてしまったが、その**三十間堀**川をはじめとして縦横に走る堀割りやそれの連なる神田川、小名木川など。そして大川(隅田川)といったルートを利用している水上交通の在り様だ。

三十間堀

江戸――旧東京――には、堀や川に囲まれた詩情あふれる景観があった。

その堀や川は、いずれは大川(隅田川。荒川の川下)や、同じく大川と中川、利根川を連絡する小名木川、その大川へ通ずる人工の神田川などに通じるのだが、その目的は①銀座エリアの埋立て②江戸城普請のための資材運搬ルート③武士と町人の居住区を分ける江戸城防衛などにあった。その一部が三十間堀。

大雑把に言うと現・銀座通りは、一丁目側の京橋川、八丁目(新橋)側の汐留川で区切られている。その間を、宮城方向から銀座通りと平行に、外濠(そとぼり)、三十間堀、築地川が流れていた。現在はいずれも埋立てられ、役立たずの〝高速〟道路になったりしている。

『鬼平犯科帳』の鬼平に追いつめられる大盗賊たちが、重い千両箱を運搬するために発想するのは、堀と舟だし、人目につかず目指す目的に深夜、大挙してアプローチする手段も舟だ。

もうひとつのシリーズの秋山小兵衛は、自家用の舟と若いカミさんというショーファー（専用運転手）つきで大川をひんぱんに往き来し、その大川から水を引き込んだ「保管場所」（今日で言う専用駐車場）まで持っていて、そのモビリティーを確保している。

両巨匠がそんなことを意識していたかどうか別にして、少くとも愛読者の一人としてはやはり、お二人が、くるま時代の中に生活されていたことを感じないわけには行かない。

一九九七・五

交通事故の〝謎〟

「クルマは、人間の右脳にもその動きに大きな関係を持つ珍しい、あるいは唯一の〝機械〟だ」と、ロータリー・エンジン搭載のスポーツ・カー開発の主査をつとめたこともある小早川隆治さんが寄稿している。それなら、自動車の安全化に、医学からのアプローチがあっていい。

医学的な見地から見直しを

交通現象、とりわけ交通事故現象は、二十世紀に残された大きな〝謎〟ではないか。だから、地球上の多くの人々が、地球上の様々な場所で、考えられる限りの様々な分析、考察を試みても――その中でとりわけ進んでいると考えられる日本で、様々な手だてを講じているのに、未だに道路交通事故死が年間一万人を割り込むことが出来ないように――一向に解決のメドが立たないでいるのではないのか。

結論的に言えば、それだけに、「交通事故の前兆現象」としての、自動車運転者の、医学的身体的変調を、もっと正面からとらえ、見つめ直す必要がある気がしてならない。日本についていえば、規制強化によらずしてさきの『**一万人の壁**』を打ち破るためにも。

その、言うならば交通医学の周辺について語り合った雑談の断片がある。医者、医師ではないから、その当否、是非はわからないが…。

一万人の壁
二〇一二年の交通事故死は一万人の壁どころか五千人の壁を割り込んでいる。但し数字は警察庁調べのもので、他に厚労省統計もあるが、減少の要因は①交通取締りの強化②道路の安全環境整備③自動車の革新的安全化によるところ大。で相変わらず運転者の身体的要因による非惨な事故はあとを絶たない。

病気の人は運転すべきでない…

・交通医学は、バスの運転手が突然気を失って事故を起こしたところから、関心が払われるようになった。この場合は、心臓発作が原因だったが、警察は事故分析をしていないので、前方不注意として片付けている。

・ドライバーには、本人が意外に知らない病気が潜(ひそ)んでいる。

・心臓病は、不整脈に現われることが多いが、本人が全く気がつかないでいる場合も多いようだ。

・不整脈は、医者はあまり問題にしないようだが、夜から不整脈が起こり、朝にも止まらない場合は、危険である。

・メニエル氏病は平衡感覚が無くなり、真っすぐに歩けない。高血圧や低血圧、たちくらみがある場合の運転は危険である。初期症状は吐き気から来る。

・ある会社で、**運転適性検査**をしたところ、毎年ハンドルが右に寄る人がいた。この人を医学検査したら、メニエル病だった。

・ストレスが原因の胃潰瘍と、そうでない胃潰瘍で薬の処方がちがうのに、その薬が運転に悪影響を与えることには、神経が払われない。

・精神安定剤の服用も要注意。ときには危険である。

・薬の副作用による交通事故もあるはずだが、調査もされない。

運転適性検査

平成二十一年六月一日から高齢者に対する講習予備検査が導入され、「認知機能検査」が実施されている。だが、その健康状態だけで良いのか、非?高齢者は…! というのがT教授の問題提起だ。

・糖尿病患者がインシュリン注射で血糖値を下げすぎ、酒酔いの状態と同じような症状になったが、警察では、酒酔い運転として処理された。
・薬による眠気で事故を起こしても、単に居眠り運転ということで片づけられてしまう。
・平成五年、三七万四〇〇〇人の事故者を調べたら、その一・五％が通院中の事故だった。
・ジェット・コースターは、スリルを味わうために、大たいが右回りとなっている。道路も右カーブでは六二％、左カーブでは三二％と、事故の起きている確率がちがう。
・病気による事故で一番多いのは肝硬変というデータもある。
・病気の人は、クルマの運転をすべきではない。
・交通心理学は積極的にその研究結果が実施されているが、交通医学はあまり取りあげられていない。
・交通事故総合分析センターに、医者は居るのだろうか。
・一般のドライバーよりも、バスやタクシーの従業員は、もう少し薬や病気の検査などを行った方がいい。
・エアラインの会社は、パイロットに関しての薬と病気のデータを持っている。
・交通事故と病気との因果関係について、国はデータ公開すべきである。
・外国では、このようなデータを持っている国がある。

・交通事故死者が一万人を突破しているので、この辺りの分析が行われてもいい。
・今後は、事故を惹きおこした時に、病気や薬に関する事情聴取も行うべきだ。
・事故は警察、くるまは運転者、道路の安全化は建設省、ドライバーの健康は厚生省などと、タテ割り行政がいけないのではないか。
・いずれにしても、大抵の場合、前方不注意で片づけられてしまう。そうには違いないが、それで良いのか。

もっと積極的な事故防止に向け

ところで、その交通医学――交通事故と人間の身体の関係について――を、教育のカリキュラムの中に組み込んでいる自動車の学校が、千葉県にある。

もともとは、自動車整備士の養成が目的の学校だった。が、それなら、単にメカニックとしての国家資格取得だけでなく、自動車企業にとって役に立つフロントマン教育も、カリキュラムにとり入れようとなった。さらに、フロントマンなら、広い社会的視野も必要になる。将来、自動車企業に働くなら、交通安全、交通事故防止は、最大の関心事でなければならない。それなら、これまでにない視点からの、オートマンの一般教養としての「交通医学」の課目があってもいいではないか――と言うことが動機で、こうした勉強が始った。

教授は、金沢の大学教授も兼ねるドクターYさんだ。ここに紹介した話の断片も、その講座の話題から始っている。

ちなみに、日本では、お巡りさん(交通警官)の交通事故調書に、ドライバーの体調を統計的、系統的に記録出来る様式は、無い。

安全な道路づくりを議論し、検討するお役所の委員会で、安全なハードの側面だけで考える以前に、その膨大な予算の一部を、そこを走って事故を起こすドライバーの医学的解析に充てたらどうかという発言をしたところ、出席者が一人残らず、鳩が豆鉄砲を喰ったような表情をした、という話もある。

逆に、運転専従者たちの体調をバイオリズムで調べて、長年、事故防止に役立てている自動車メーカーもある。

マンとマシンが一体となって

書いて来たところで、もう一つの交通〝医学〟、交通事故予防〝医学〟の存在に気がついた。くるまはよく「マン・マシン・システム」などと言われることが多い。その意味は言うまでもない。

大方のマシン、すなわち機械は、人が動かし始めたら、あとは機械の方で動いてくれる。が、くるまの場合は、そこに「人」の知覚、聴覚、判断力、それに基づいた手と足の動作が加わることによって、初めて「機械」としての機能を発揮する。逆に、その「機械」が無ければ「人」は、ただの人になってしまう。マンとマシンの二者が一体となって初めてシステムとして機能する。そこから、ファン・トゥ・ドライブ、運転する楽しみ、楽しさ、なども生まれて来る。他の機械類と決定的に異なった性格の機械として。

その、人の方の医学を問題にするのなら、機械の方の〝予防医学〟も、もっと正面から運転する一人一人が、あるいはくるまの制度の面で取り組む必要があるのではないか…。

ところがこれまで、「めんどう見過ぎ…」のお役所が「では皆さん、ご自分たちで…」と言い出したとたん、くるまと言う機械に対する〝医学〟ではなくて、一円でもケチろうという〝経済学〟がまかり通るようになった。これでいいのか。

一九九六・二

シルバーとシニア

公共交通機関に、高齢者やハンデのある人たちのためということでシルバー・シートがある。言いかえるとシルバー・シートがあるから他のシートは…、ということになりかねない。事実その傾向が日本の社会には強い。クルマの「シルバー・マーク」は、さてどうか。

のっけから孫引きで恐縮だが、今は亡き不世出の名コラムニスト、**深代惇郎**さんが、作家の武者小路実篤さんが加わった「三人展」の話を書いていた。

三人展の他の二人は、木彫の平櫛田中さん、当時一〇二歳。それに安田靫彦画伯、同じく九〇歳。これに対し武者小路さんは八九歳。

その武者小路さんの出したあいさつ状だが、「僕、最年少、未熟の至り」という、若々しい感性の、茶目っ気たっぷりのものだった、という話だ。

深代さんは、惜しくも早世されたが、そのダンディーな深代さんが長生きしていたとしても、あるいは「僕、未熟…」の武者小路さんも、公私営公共交通機関の営業母体がしたり顔で実施している〝シルバー・シート〟なるものには、絶対に腰掛けようとはしなかったにちがいない。

シルバーシートは福祉の精神か…

そのシルバー・シートについては、改めて言うまでもない。シートの色を灰色（シ

深代惇郎（一九二九年四月一九日〜一九七五年一二月一七日）
朝日新聞記者。
「コラムのために生まれて来た……」（同・元論説主幹森恭三）ような不世出のコラムニスト。一九七三年二月から死去するまで「天声人語」担当。

ルバーのつもり。まさか銀色に輝かせるわけには行かないから）にして、そこに、高齢者や身体障害者、病人、怪我人の来客を優先的に坐らせようという魂胆だ。

急速に進む日本の高齢化社会。そんな中でいち早く福祉の精神を…、と言うわけで、大変に結構なアイディアのようにうかがえる。

が、そんなことをする交通企業体の経営陣の連中は、公共交通機関の活用そっちのけで、黒塗りのリムジンか何かで道路混雑に一役買っているにちがいない。発想がおそまつと言うか、良く言って実際的では無いから——。

そのシルバー・シートについて、別のコラムニストが書いている。

まず考えるべきは、そんな灰色シートが無くても、高齢者や足の悪い人などが電車やバスに乗って来たら、誰でも、どこでも、席を譲る。そうなるようにキャンペーンすることではないか。

一歩ゆずって灰色シートを認めたとしても、連結した電車なら、それのある車両がどの見当に停車するかわからない。

当てずっぽうに乗ったら、こんどはシルバー・シートにたどりつくのが一大事。混雑した電車、バスなどだったら、まずそこに行くのは不可能と言っていい。

他方、普通のシートに坐っている連中は、疲れていて立ちたくない、席を譲りたくない、とぼけて狸寝入りしていよう…、などと考える良心？派は別にして、「シルバー・

シートがあるんだから、そこに坐ればいい」と開き直る。

いいや、そういったことのずっと前に。深代さんや武者小路さんのような人々は、気恥ずかしくてそんなところには自ら坐るまい…たしか、そんな主旨だった。

ところで高齢化〝社会〟は、公共交通機関の問題に限らない。くるまの世界でも高齢化は着実に進むこと、太陽が東から昇るが如く明らかだ。

そこでまた、くるま・交通評論家先生方の口をついて出て来るのが〝シルバー〟。ただしこちらは、シートを灰色に、ではなくて、「初心者ドライバー」向けの若葉マークをもじった「シルバー・マーク」を、くるまにぺったんこと貼りつけたらどうか——という話になる。

が、ここでもシルバー別枠には、様々な問題が予想される。只でさえ誇り高き〝シルバー・ドライバー〟が、いちいち灰色マークをファミリー・カーにつけるかどうか——は別にして。

高齢者が、加齢とともに身体的能力が低下して行くのは止むを得ない。が、まずそこに個人差がある。武者小路さんやピカソのように、年齢に関係なく創造的エネルギーにあふれている人も居れば、たかだかサラリー・マンを定年になっただけで、すっかり老け込んでしまうのだって居る。さて誰が、どんな基準で猫に鈴のシルバー・マークをつけさせるのか。シルバー・マークをつけたら、のろのろ運転をしていいとか、他のくるまは追越し自由とか、シルバー・マークにぶつけられても我慢しろとか、いちいちヨケろとか、そんな交通の新（珍）ルールでも創り出そうと言うのか。

灰色マークのレッテルを張るのではなくて、レッテルがあろうが無かろうが、誰にも思いやり、気くばりのある交通社会を創り出して行くべきではないのか。

自分では仲々気づかない、判断のつけにくい身体的経年劣化を的確に測定、判定する方法を開発し、同時に制度で免許証保有者に、認知症テストなどにとどまらずチェックを義務づけることは出来ないか。

もうひとつ、足が短く座高の高い〝旧人類〟でも、ベストなドライビング・ポジションをセットすることが出来、長時間運転していても腰に痛みの来ない肩のこらない、そんな本当の意味でのシルバー・シートを作って欲しい。

以上三点は、さきのコラムニストの指摘だ。

シニア・パワーは活用できないか

そのシートの人間工学的研究では、小原二郎千葉大教授の業績が光っているが、同じ千葉大学の鈴木春男教授がプロジェクト・リーダーとなって、高齢者交通政策の研究を実施している。国際交通安全学会の提言として近くまとめられることになっているが、その中で、いくつかの提案例を紹介している。

①シルバーによるシルバー教育、②シルバーズ・地区交通安全カルテ、③医院での

指導（福祉センターでの指導）、④高齢者の手による地区危険マップの作成、⑤シルバー・ドライバーズ・クラブの結成――などだ。

これだけシルバー、シルバーと並べられると、同教授も指摘している「経済的にも生活的にも自立している日本の高齢者」ならずとも「シルバーとは俺のことかとシルバー言い」的なことにならないとも限らない。

ところでそこで、便乗して思い出したことがある。路上での駐車違反が社会問題になっていた時期のことだ。

同じ違法駐車でも、本当に邪魔で反社会的駐車と、違反にはちがいないが、毒にも薬にもならないに近い路上駐車とあって、時間帯とともに変化するその辺りの事情は、地域を良く散歩しているシニアの方々が詳しい。

そこで駐車指導、違反摘発にそんなシニア・パワーを活用してはどうか、と提案した。

ところが、そのコミッティーにいた交通工学のオーソリティーから、「老人は危ない。チェックも恣意的にやられては困る。第一、その彼らを誰がどのように教育するのか」と、真っ向から否定されてしまったと言うわけだ。

孤独な老人がヒマつぶしと世間へのイライラを鎮めるために毎深夜散歩に出て、そのうち路上のくるまの殆んどのモデルをシルエットやディテールだけで正確に見分け

ルノー4CVとモーリス・マイナー

前者はフランス製（『一車千里』三樹書房に詳述）、リア・エンジン。後者はイギリス製フロント・エンジン。サイズも後者が少し大きいが、側面のボディー・シルエットは、見方によっては酷似している。

られるようになる。その老人の「**ルノー4CV**」「**モーリス・マイナー**一〇〇〇」の類似の指摘がヒントになって、迷宮入りしそうだった大量殺人事件の犯人がわかる。

そんな北欧の作家の推理小説があった。

さきの交通のオーソリティー、こんな小説の面白さの機微など、てんで別世界のことにちがいない。

ゴルフでも、シルバーなどとは言いませんね。そう言えば…。

一九九六・五

佐吉とEV

トヨタの創始、発明王の豊田佐吉が、バッテリー開発に懸賞金を出した。何といまから大よそ九十年前。そんなことをしたら「佐吉は馬鹿か」と言われかねない大正十四年の話だ。

世はまさに低公害車時代だ。

幸いなことに、自動車先進諸国、卑近な例で言えば日本では、**ＧＤＩ（筒内噴射エンジン）**など燃料自体の費消の少ない、だから有害な排出物の排出もこれに並行して少なくなる技術の時代が、有害排出ガスを押さえ込む三元触媒などの技術開発の時代に続いてやって来た。

だから、とりあえずいい。

が、お隣り、自動車（モータリゼーション）発展途上国の中国で、これまでの自動車国並みに総人口の七〜八〇％、十一億七五三五万九〇〇〇人（世界銀行「ザ・ワールド・バンク・アトラス」一九九五年版）のうち七億人もの人々が一台ずつ、日本ほど技術の進んでいない〝非低公害車〟を乗り回し、その排出するエミッションが偏西風に乗って黄河の砂塵の如く日本上空を覆うことになったとしたらどうなるか。

「世はまさに、低公害車（指向）時代」はだから大いに歓迎されていい。

ＧＤＩ

一九九六年に三菱が世界で初めて量産車に搭載した直噴エンジン。中低速での希薄燃焼を目的としたもので、空燃比40前後の超希薄燃焼を達成するために、ピストンの頂部には大きな窪みのある特殊な形状のものが用いられた。しかし、窒素酸化物の発生が多くなる等の問題可決が当時では難しく、現在ではＧＤＩと呼称するエンジンは存在しない。

そんな中で、この秋、十月十三日〜十六日に、大阪を舞台に開催された「国際電気自動車（ＥＶ）シンポジウムＥＶＳ—13」が大いに盛り上がり、その技術の進歩と実用普及への着実な動きを確認して閉幕した。

事務当局のまとめによると、過去最大の内外一六五〇人が参加し、車両メーカー、バッテリー・部品メーカーの出展やＥＶ試乗会も開かれ、シンポージアムの部では、四十七にも及ぶテクニカル・セッション（研究発表会）が、技術開発から実用化・工業化のための標準規格検討に至るまでの熱心な議論をたたかわせたそうだ。

こうなると、次回ＥＶＳ—14、ことしＩＴＳ（インテリジェント・トランスポーテーション・システム）第四回国際会議が開催されている米フロリダ州オーランドでの議論が、いっそう期待されると言っていい。その低公害車、必ずしもＥＶだけとは限らないが…。

その「電気自動車（ＥＶ）…」と聞くと、すぐに思いおこす話が二つある。

そのひとつは、今日のトヨタ自動車の創始者の先代、などとまわりくどい言い方よりも世界的大発明家の一人と言っていい豊田佐吉翁のエピソードだ。

話は、第二次大戦後から始まり、さらにさかのぼる。

トヨタ自動車の関連会社に関東自動車工業と言う会社が、神奈川・横須賀にある。戦争が終わって、やる仕事が無くなった海軍の人たちが作ったメーカーで、当時は、ガソリンは無いが電気は余っていたので、電気自動車を造れということになった。発足当初の社名は「関東電気自動車製造」。

その関東自動車はやがてトヨタ・グループ入りすることになるが、それと並行して、トヨタ創始者、豊田喜一郎氏が、白井武明日本電装（現デンソー）元会長に対し、戦争中に電気自動車を開発するように言い付け、白井さんは大阪に日本電気自動車製造を設立する。

が、トヨタ／電気自動車の因縁はもっと以前。

「大正十四年に豊田佐吉が、発明協会に二〇〇万円の懸賞金を出して『こういう性能のバッテリー（注＝一〇〇馬力で三六時間運転を持続することが出来、かつ重量六〇貫、容積一〇立方尺を超えないもので、工業的に実施できるもの）を造ったら一〇〇万円あげます』という懸賞をやったんだけれども、今でもできていない」（豊田英二・トヨタ自動車名誉会長）と言うところまでさかのぼる。

正確には、大正十四年に豊田佐吉が「毎年一〇万円ずつ五年間で五〇万円を寄付し、その利息によって蓄電池の発明奨励を行い、適当な時期に蓄電池の一〇〇万円懸賞募集を行い、当該発明があるときには残り五〇万円を支払う」という契約を、発明協会と結んだ話だ。

ちなみに、この時のバッテリーの目的は、実は自家用車ではなく、佐吉翁のイメージにあったのは「それを飛行機に載せて飛ばそう」。それでも、まるっきり見込みのないものをやると「佐吉は馬鹿か」ということになるので、ある学者がバッテリーに関係の深い大学の先生にその辺りをたずねた。その大学の先生は「まるっきり見込みが無い、とは言い切れない」と言ったそうだ（「自動車技術の歴史に関する調査研究書」一九九四年度）。とにかく発明王佐吉翁の夢を物語って余りあるエピソードと言っていい。

ついでに言うと、そのバッテリーの試験・研究の必要のために「豊田研究室」と言うのが作られ、昭和三年から二十一年まで活動している。

さきの「ＥＶＳ―13」に来日したゼネラル・モーターズ元会長ロバート・ステンペルが現在、バッテリー・メーカーＥＤＣ社の会長をしているのは、**ＺＥＶ（エミッション・ゼロのくるま）**を義務づけた米カルフォルニア規制が、その背景にあるのだろうが、くるまとバッテリー、電気自動車の関係は、いずれにしても日米ともに連綿と似たような軌跡をたどっているのかも知れない。

少なくともステンペル会長にとっては、大統領を連れ出して、日本の自動車業界に無理難題を吹っかけ、日本の自動車ディーラーまでを困惑させた数年前の来日より、今回の方がはるかに建設的なミッション（使命）であったことは間違いない。

ところで二つ目の話も、似たような話。こちらは端しょって言うと、同様に大戦中、

ZEV

ゼロ・エミッション・ビークル（zero-emission vehicle）。排出ガスを一切出さないくるまを指し、電気自動車や燃料電池車などが該当する。カリフォルニア州は、州内で一定台数以上自動車を販売するメーカーに、その総台数の有害排気ガス総量を一定水準以下に規制している。その規制をクリアするためには、ゼロ・エミッションの電気自動車を導入せざるを得ない。

海軍にいて戦後自動車業界に身を投じ、大メーカーの重役にまでなった一エンジニアが、「あんなもの駄目ですよ。バッテリーのコンセプト、性能が、大戦中の潜水艦に搭載したのからまるっきり進歩してないじゃないですか――」と言っていたのを思い出したと言うわけだ。

ダイムラーとベンツが、内燃機関を原動力にしたくるま（**モトール・ヴァーゲン**）を造った一八八六年から、それがとにかく使える商品になったのに約五十年、立派な社会システムにまで発展してくるのに一〇〇年かかっている。電気自動車も、米カルフォルニア州規制の一件があるから、新しい未成熟技術に頼った駆け足になるのは止むを得ないのだろうが、まだまだ時間がかかるのは致し方無いのかも知れない。

が、それにしても、交通事故防止に「スピードの出ないくるまを…」などと半面で言われるご時世に、「時速二〇〇キロをクリア」とか「何キロ保（も）つ」では無くて、「燃料切れの時にすぐ補給出来る」そんなインフラ・システムの方が大切なのに、相変わらず「一充電で××キロ」を誇ったり、増える車重と、それによって増えるに違いない駆動エネルギーの関係はあまり考えられないように見えたり。

端的な話、車重が重くなれば慣性も大きくなり、それを止めるブレーキも強力にしなければならなくなる。ここでのエネルギー・ロスは避けられなくなる。さらに、使

モトール・ヴァーゲン
世界で最初にガソリンエンジンを搭載した三輪車。

い古しのバッテリーがわが国全自動車保有台数の仮りに一〇%、七〇〇万基も出てきたとしたら。その処分・処理など誰でも首をかしげるところの話にはあまり触れられたくないように見えたり…。

逆手をとって、「**電気自動車は時速**〇〇キロしか出ない〝安全な〟くるまです」――安全かどうか吟味する必要はあるが、たとえばの話――と言ったキャンペーンをするなどというユーモアのセンスを持つ余裕は、まだらしい。

一九九六・十一

電気自動車の時速
理論的には、モーターの回転数さえ上げれば、いくらでも速度を上げることは可能。

道のシーン

「国土強靭化…」という政策のマイナス・イメージで、道路整備が非難の迸(とばっちり)を受けている。だが、道路、道、みちのイメージは、それほど貧弱ではない。たとえばそこに、亭々と伸びる欅の並木があるだけで、道のシーンはがらりと変わる。

印象に残るIC

季節は厳冬に近かった。そんな、光の少ない、シーンとした季節の中で出合った、道路景観の一シーンを、思い出す。

北国の、ある国際空港から、市内に向う高速道路。出口が大きくアクロイド曲線を画いてカーブする。それによって出来る円型の空間に、今まで走って来た灰色の本線とは対照的な緑のベルベットのような芝生が浮き上がり、その真中あたりに葉の落ちた美しい樹型の──なかまど?──木が二、三本佇(た)ち、その枯枝につけれらたビーズのようなイルミネーションが、宝石のように輝いていたのだった。走り過ぎる一瞬のことだったが、その印象は、今も鮮やかだ。

道路の植栽は、考え様によっては、芸術かも知れない。

これと対照的な道路景観に出会うことは、しばしばだ。たとえば、米国の西海岸、ロサンゼルス辺りのフリーウェー。

ところによっては、片側一〇車線といったフリーウェーが続く。そのフリーウェー沿いに木造の住宅地が続いていたりするのである。もちろん緑、無し。

同じ木造でも、日本の家屋とは防音など構造がケタちがいになっていることはある。がそれにしても、良くうるさくないものだ、と言うのが、その無味乾燥――はた目には――の居住地域に対する、東洋からの旅行者の感想だ。そんなこと頓着しない民族性のちがいか、などと大げさなことも考える。

ただちなみに――彼らについての弁護と言うわけではないが――言うと、そのフリーウェーを出て、その辺りの住宅地に入ると、広々としたフロント・ヤード(前庭)には、手入れの行き届いた緑あざやかな芝生が拡がり所々には低木の緑がアクセントをつくる、そんな、日本とはこれもケタちがいの住空間をのぞくことが出来る。最近では、地植えの盆栽風庭木などを見掛けることも多い。

それに、フリーウェーののり面など、自動散水スプリンクラーが続いていて、かなり遠隔の地から、パイプで水を引いて来て緑化につとめている、という彼の地の道路管理者の苦労話を聞くこともある。

道路植栽でもうひとつ、昨今気づくこと、無いですか。

始めのうちは、「植栽、しました」という感じが歴然としていた都市内・都市間高

道路植栽
道路景観、理想の道路環境を形成する手段や、材料には様々ある。照明、シェルター、家屋、パーゴラ、モニュメント、サイン(標識・表示)、防護フェンス、擬木など。植栽もその主要かつ有力なひとつ。
植栽は、道路機能を強化し環境保全を目的に、現存の樹木を保存することもあるし、新しく中・低木、カバー・プラントを主体に植栽管理することもある。

速道路の緑化が、最初に出来た路線で言えばすでに三〜四〇年を経て、それなりに道路景観に融け込んだ、最初から自然に生えていたように見えるものが、ずい分と多くなって来ていると言うことである。

もちろんその半面、きびしい環境の中で、定期的に手入れをし、施肥し、あるいは何回もフレッシュな幼木などに植え替えしても、結果がみじめで丸坊主に近くなっているもの、土ぼこりで赤ちゃけて見える無惨なものなども決して少なくはないが――。

ついこの間までは枯木だった筈(はず)のランド・マークの桜の木に花が咲き、舞い落ちる花びらがフロンドガラスの端に残っていて、などと思っているうちにどんどん緑が増し、その緑の中でピンクのつつじが咲いて、続いて少し色の濃いさつきに移り、いよいよ風さわやかな初夏を思わせる日々になって来ると、その中を走るくるまの中で、道路の緑のことがとりわけ身近に感じられる。

道路植栽の機能と役割

その道路の植栽、いささか講釈めくが、様々な機能を持たされている。

まず、走行心理または休息などの交通工学的要求に応える「安全運転」機能として、ドライバーの視線を誘導したり道路の線型を予告する植栽、トンネルの入口などに色濃い植樹をするなど明暗を順応させたり、対向車のヘッドランプから遮光したり、通行止め、立ち入り防止、衝突エネルギー吸収などのための植栽、ちょっと一服緑陰の憩いのための植栽、の大きく分けて三つがある。

二番目、「景観」のための機能としては、景色を修景したり醜いものをかくしたりする景観調整のための植栽、景色にアクセントをつけたり目印にしたりする植栽がある。最初に書いたクリスマス・ツリーのような植栽は「あ、××にやって来た」ことを物語る目印(ランド・マーク)の典型かも知れない。

もちろん道路の緑にはこのほか、本来的な意味を持つ「環境保全」のための機能がある。機能で言いかえると、防音、侵蝕を防止するほか自然環境自体の創造もある。止むなく削ったのり(法)面の土を別の箇所に埋め戻し、新しく植栽するなどがその具体例だ。防災、のり面保護、自然・生活環境の保全が、ここでの植栽の役割となる。

植栽に使われる植物の種類や、その移植、役割、維持・管理などについての試験研究も地味ながら地道に続けられている。

のり面保護のために、ポンプやモルタル・ガンを使って種子を直接散布することもあるが、圃場で種子発芽試験や薬品とのマッチングなどを調べながら、苗木を数十万本まとめて育て、必要な場所に移植することも続けられている。

吟味されるのは、成長力、早いか遅いか。萌芽力。移植力。環境順応力、都会地で大丈夫かやせ地でも育つか、病虫害はどうか。そして高木か中・低木か、地表を覆うカバー・プラントにいいか。

　成長力の早いものでは、良く見かけるネズミモチ、マテバシイ、カイヅカイブキ、マサキ、サツキ、クルメツツジ、ヒラドツツジ、赤い実のなるピラカンサ、ハクモクレン、エニシダ。それにスギ、クロマツなど。

　街路樹、街道筋の並木などに主木となるものではケヤキ、クロマツ、スギ、カラマツ、クス、ヤマモモ、カエデ、ハクモクレン、カツラ、ヤマザクラ、ナナカマド…。

　植込み、根締め、生垣、カバー・プラントなどにはマサキ、サンゴジュ、サザンカ、アオキ、アセボ、クチナシ、ヒイラギ、ツツジ・サツキ類、シャリンバイ、ピラカンサ、トベラ、ジンチョウゲ、カンツバキ、コデマリ、エニシダ…。擁壁や防音壁などをかくすナツヅタ、ヘデラ・ヘリックスなどつる性植物を忘れることは出来ない。

　そうそう、そう言えばあのアメリカハナミズキもある。主木、列植の花形として。

　銀座の柳が、二日見ぬ間に何とやらではないがいつの間にかアメリカハナミズキ並木に植え替えられていたなどは感心しないが、かつて日本車の大手銘柄が、毎年、全国の地域社会に、緑化のため、ディーラーを通じ苗木を寄贈し続けた、その樹種の代表のひとつだった。

　白い花の小さなミズキにくらべると、花は淡紅色で中心に向かうにしたがって白くなって行く。少し大きい。花が終わると少し肉厚の葉がしげる。秋口からはその紅葉

——暗紅色になる——が美しい。そして樹形がきれいだから葉が落ちたあとも。ミズキ、ハナミズキが日本でポピュラーになったのも、あのことがきっかけだったのかも知れない。最初は、肝心の花が皆上を向いていて…、などと憎まれ口も聞かれたが。

そのアメリカハナミズキを含めて、あの苗木のその後が、自動車販売店の全国組織である日本自動車販売協会連合会が上野健一郎会長のとき、会員会社の善意で寄贈し始められた「盲導犬」たちの〝その後〟とともに気にかかる。立派に花を咲かせているととても嬉しいのだが。

一九九七・六

鎌

岡山県津山市は、わが国英語教育の発祥の地だが、鎌づくりの伝統の地でもある。その原材料「鉄」と刃物の文化は、朝鮮半島系由で津山を通り京都へと、飛躍した言い方をすれば〝政治〟そして〝権力〟をともなって伝播して行くことになるが、物づくりの伝統を系由する各地に定着させて——。

物づくりは、ただ眺めているだけでも、面白い。その、物づくりが、日本古来の伝統工芸となると、なおさらだ。

杉山昇さんの鎌づくり

そんな伝統工芸のひとつ、鎌づくりの現場を、津山(岡山県)で見る機会があった。津山の町を東西に走る出雲街道沿い、東新町に二軒残るうちの一軒「本家　忠兵衛鎌」の杉山昇さんという鍛治職人の仕事場だ。

日本に刃物らしきものが伝わって来たのは四世紀頃といわれている。それは、刃物というより刀剣といった方がいいもので、すでに「古事記」や「日本書紀」にも記録として出て来ている。

いまの岡山県、古代には吉備の国と呼ばれていたこの一帯は、あの童話でも広く知られている「桃太郎」の発祥の地だ。その桃太郎の鬼退治の鬼に擬せられている温羅(うら)は、そもそも大陸ないしは朝鮮半島からの渡来人で、その頃がちょうど四〜六世紀。

だから刃物の文化も彼らと共にやって来たのかも知れない。

ところで、杉山さんの東新町は、津山城下に編入されたのが寛永三年（一六二六年）。そこに、今日的に言えば〝防衛〟産業の一端を担う鍛治屋が配置されたと記録にある。元禄十年（一六九七年）十月、藩主森家の町奉行から幕府代官に報告された「美作（みまさか）国津山家数役付惣町堅横関貫橋改帳」（玉置家文書）によると、東新町には、鍛治屋のほか塩売り、茶屋、紺屋、紙屋、車屋、鍋屋、豆腐屋、糀屋、鉛屋など家数七十三軒のうち、二十二軒の鍛治屋があったそうだ。

また、刀物の方からたどって行くと、古事記、日本書紀以降、平安時代には三条宗近を筆頭に、吉家、五条兼永、国永、鎌倉時代には千代鶴国安など、すぐれた刀工が出て来てその技術を全国に伝えている。

さらに時代の推移とともに、日常の生活に必要な刃物類も数多くつくられるようになって、やがて刀鍛治、農鍛治、刃鍛治と大きく三つの分野に分化し、その中でそれぞれが細分化して行きながら専門化も進んで行く。

その一大産地が、他ならぬ京都で、もともと都という地の利、出雲の砂鉄や玉鋼、伏見稲荷周辺の土、鳴滝の砥石、丹波の松炭——なぜ松炭かについては後述——、さらに良質の水といった刃物づくりに適した条件を備えていた結果、室町時代中期からすでに鍛冶の町として栄えていたといわれている。

杉山家は、京都から伝わって行ったのかも知れない。が、もっと以前、京都に刃物を伝えて行く大陸→朝鮮→出雲→吉備→大和・京都のルートの途上ですでに津山に定着していたのかもしれない。

その杉山さんの専門の鎌、生活用具で農耕必需用具であるだけに、産地は全国にまたがっている。北は北海道の信州鎌、越後鎌、播州鎌から、九州は天草鎌、球磨鎌、鶴崎鎌、加世田鎌、鹿児島鎌にいたるまで、大よそ五十半ばを超える銘を数える。

さらに、その型も様々だ。鎌だから逆Lの鎌型であることはたしかだが、刃渡りの長いのでは昆布刈鎌から、面積の大きい津軽の元広型、奥羽鎌の大幅広型、その峰の部分を先端に至るスマートな流線型にした南部鉄の表鋼広型、ゴルフのアイアンで言うとキャビティ・タイプの信州型など、ざっと数えてもはっきりと型に特徴を持った十六タイプにも分類できる。

このうち津山型は、峰の先端部分に少し段を持っていると言うか、刃の部分が峰よりも長いというか。で、手元に直角に曲がり、その角は鋭角的だ。

その津山鎌、最初は、長方形の金属の打ち抜きにすぎない。その金属片が積んであるところなどを眺めると、金床やふいごの火、杉山さんが〝助手〟代りに使っているハンマーや送風機の動力源のモーターなどが並ぶ仕事場の情景と相まって、一時代前の自動車部品の孫下請町工場的たたずまいそっくりだ。

が、そこから先がいささか違う。伝統工芸の伝統工芸たる所以かもしれない。

まず、その、幅約五センチ、長さ約二十センチ、厚さ一センチくらいの金属片からして違う。良く見ると、その長さの三分の二ぐらいが三層になっている。鉄片を薄く二枚に切り込みをつけ、その間に鋼(はがね)を挟み込み、焼きを入れて一体化してあるのである。その鉄には上斎原産、鋼には出雲安来産を使っていたが、現在は、兵庫県に外注している。

その鉄片を火造りしながら打って行くのだが、その火は昔は栗の炭、現在はコークスに変わっている。最初は、鉄材に、鎌の柄の部分になる曲がり(この部分が長さの三分の二をつける「中子(なかご)付け」。

次にヒラメ先(鎌の先の方)を打ち、そのあとヒラメ元を打つ。ここで鉄片は平らに広がって鎌の形をとり始め、刃と峰の両側が作り出されることになる。ここまでほとんど一気に。そして再び火造り。平打ち。そして刻印はここで打ち込まれる。杉山さんの鎌は「忠」の一字。

次は、グラインダーで刃付けを行う。全く鎌らしくなってくる。が、勝負はこれから。刃付けが終わると、いよいよ焼き入れだ。ここで使われるのが、さきに書いた松炭だ。

　一丁一丁、ていねいに焼入れが行われるがこの過程で鉄と鋼が滲炭(しんたん)されることになる。少し講釈めくが、鋼の表面硬化法のひとつで、低炭素鋼の性質を改良するため、鋼の表面の炭素含有量を増して硬化させること、炭素むし、と広辞苑に書いてある。その滲炭に、松炭が最もいいというわけだ。

　そして最後に仕上げ砥で砥ぎ、柄をつけて「津山鎌」の出来あがりだ。

　ちなみに、最初の火造りで、鉄が赤いうちに形をつくるがそのあと冷えて紫色になって来てからもハンマーで叩く。叩いて打ち締める。なま叩きをする。すると、鉄の粒子が荒れずつやも良くなり質も締まる、と言う杉山さんの話だ。放ったらかしでも駄目、叩きすぎても駄目。何やら人材を鍛えるのと一緒のように聞こえる。

　その後(あと)の焼き戻しも、再教育、研修かも知れない。ここで鋼の粘りが引き出され、いいものができる——というのだから。

　このプロセス、基本的には、津山の南、**備前長船(おさふね)の日本刀**も、包丁も鉈、鋤、鍬の類いも一緒だ。また、出来上がりの見掛けが同じように見えても、あっと言う間になまくらになるのと、いつまでも切れ味の変らない「忠」印の差も、このプロセス如何にある。

備前長船(おさふね)の日本刀
　備前は、大化改以後に備前、備中、備後、などに分けられた山陽地方の地(国)名で、現在の岡山縣南東部。その備前の刀工、主なところでも四代にわたる備前の長船兼光が鍛えた刀。噺家、講釈師などが、「抜けば玉散る氷の刃(やいば)」などと、名日本刀の〝代名詞〟に慣用している。現在価格で三百万～一千万円以上。

物づくりの現場をじっくり見せて

で、とにかく、物づくりをじっくりと見ること、そこで行われていることの一つ一つの意味をじっくりと考える時間(とき)を持つことは、たのしく、嬉しいことと言っていい。たまたま巷間、中学生のナイフ、刀物論議がかまびすしいが、彼らに対する所持品検査の方法論などを論じている間に、〝刃物大好き〟中学生——物覚えのいい大人なら誰でも、あの年頃、ひそかに刃物をかくし持った覚えの一つや二つある筈(はず)だ——たちに、刃物づくりの現場をじっくり見せた方が、はるかに教育効果があるのではないか。場合によっては、伝統工芸の後継者づくりに役立つかも知れない。

「**法定需要**」依存の中で仕事の手づくりの心を見失ってきた自動車整備業のあり方にも何やら示唆になる。

一九九八・四

法定需要

法律・政、省令などで規定され、その規定をクリアするために、必要・不要と関係なく発生する需要のこと。

自動車について言えば、その自動車を安全に使用出来る技術基準という目的で法律・政、省令で定められた基準があって、その基準を満たすために要・不要の必然性を問わずに発生する需要のこと。

定期車両検査(いわゆる車検)——本来は「検査」——にともなう整備需要などを指す。

くるまの碑

東京の台東区上野の不忍池にあの弁天島に、徳川家ゆかりの寛永寺の分院がある。そこに東京での、あるいは日本でのモータリゼーションの黎明期を象徴するような先人たちの名を刻んだ碑のあることは、殆んど知られていない。

石沢愛三さん。柳田諒三さん。梁瀬長太郎さん。中谷保さん。

この四氏、ご存知ですか。

梁瀬長太郎氏は、四氏の中では知っている、その名を聞いたことがある、という読者は、比較的多いにちがいない。

輸入自動車ディーラーの雄に、その名を冠した老舗(しにせ)があり、その会長が長太郎氏の子息、次郎氏で、文章、油彩をよくし、フォトグラファーとしてもただならぬ才をお示しになっている——などからである。

だが、他の三氏、とりわけ石沢さんなどとなると、知っている方は、日本の自動車産業史に相当に詳しいということになるだろう。

そこで、もう少し、四氏のプロフィールを最大公約数的に紹介すると、次のようになるだろう。

石沢愛三

元・日本自動車株式会社社長、日産自動車販売相談役。日本自動車の前身は東京自動車製作所、双輪商会で、わが国の自動車界の源流的存在。明治四十三年には、今日で言うハイヤー・レンタカー業も始めている。

柳田諒三

元・エンパイヤ自動車商会社長。東京・日本橋区会議員、東京市議会議員。エンパイヤ自動車商会は、明治四十五年創業のエンパイヤ自動車販売店。のちにフォードのトップ・ディーラー（さらにその後はニューエンパイヤ・モーター）となる。大正四年から補修部品分野にも進出している。

梁瀬長太郎

元・梁瀬自動車株式会社社長。日本自動車と相前後して創業。三井物産から輸入自動車と輸入鉱油の一手販売権を得て、同社より独立した。当初、自動車組立生産、車体製造にも力を入れ、多くの技術者を育てるなどしている。

中谷　保

元・安全自動車株式会社社長。自動車販売のほか、ガソリン販売を営業。地下タンク式ガソリンスタンドは日本で初めてのもの。

後に、自動車用品・部品の取扱いも始める。その他、東京・赤坂の山王ホテルを経営するなど多方面で活躍する。

ところで、この四氏には、共通するところが二つある。

その一は、いずれも、東京を中心に、自動車業界でその名を残した人であること。

二番目は…。


東京・台東区の上野・不忍池(しのばずのいけ)に弁天島という小さい島があって、そこに弁天堂というお寺がある。徳川家をまつっている上野の山の東叡山寛永寺の分院のひとつだ。その弁天堂の境内に、一風変わった供養碑というか記念碑というか、が、いくつか建立されている。

たとえば針供養塚とか包丁塚、変わったところでは眼鏡を石に刻んだ眼鏡の碑といった具合に。

その中のひとつに「東京自動車三十年会記念碑」という立派な碑がある。そしてその碑に刻まれた人々の名前の、一番上段に、さきの四氏のお名前が並んでいる――というのが二番目の共通項というわけだ。

ちなみに碑文は、その名前の下に、碑の建立の趣意が刻まれていて、その文章を起草したと思われる故人細川清氏の名が「昭和五拾年四月」という日付で、ある。

さらに続いて、日本のタクシー業界の東西の重鎮だった川鍋秋蔵、波多野元二両氏の名が、多胡重則（元・一三六商行）の名と共に並んでいる。

〝一呼吸〟おいてさらに、石塚秀男氏を筆頭に九十三氏の名前が順不同で刻まれている。その中には、さきの梁瀬次郎氏とか、業界で唯一の日刊紙としての発行を始めた日刊自動車新聞社の創業者木村正文氏とか、とにかく錚々とした人々がその名を連ねる。

先を急ごう。ここでその記念碑を改めて紹介することにしたのは、二つわけがある。記念碑を建立するにいたった世話人には、さきの細川清氏らを中心にした「三十年会」通称みそじ会というグループが、主に当たっている。そのみそじ会とは昭和二十八年に結成された自動車業界の有志グループで、会員の資格は三十年以上にわたり自動車業界で活躍した人となっている。ちょうど明治末期から大正、昭和の戦前戦後と、日本の自動車業界の草創期を生き抜いて来たゼネレーションが、結果として中心メンバーだった。

そのメンバーと、碑文に刻されている方々とは必ずしも一緒というわけではなく、中には、非メンバーだが記念碑建立に積極賛同という人々もいる。建立に当たって、業界歴三十年には満たないが、すでに業界で重きを成し、さきの細川清さんの手足として奔走した石塚さんのような人もいる。

が、世代は移り、人は変わり…。それまで毎年行われて来た供養も次第に細々と行わざるを得なくなって来た。そこで、その石塚さんが、改めて「顕彰祭を行おう…」と関係者に呼びかけ、この五月三十日に改めて供養の式が行われたから――というのがひとつだ。

ちなみに石塚さんは、元日本自動車整備振興会連合会会長。最近では財団法人・日本自動車教育振興財団の創立にも尽力し、同じく文部省所管の財団法人の日本モーターサイクル・スポーツ協会会長として国際舞台に現役で活躍している。

さてその碑文には、さきの先人四氏の刻名の下に、一文が書かれている。

「今日、自動車の発達は意想外で、人類の日常には切離せない、いわゆる自動車時代である。我国の自動車は明治三十三年在米邦人が購入して政府に献納したのが初めで、以来大正十二年の大震災では、汽車、電車などあらゆる交通機関が途絶した際、自動車のみは大活躍してその技能を発揮し、国民から大きな称賛と感謝を受けた。国産自動車も初期は振わなかったが先人の研鑽と努力の結果、最近では欧米はもちろん世界各地に輸出され、メイド・イン・ジャパンの名を高めている。これを振返れば、その蔭に自動車に生涯を献げた幾多の献身者、犠牲者のあったことを忘れることができない。それら先輩、同志を銘記し、霊を安んじるためにも記念碑を建て後世に残すものである」（原文のまま）

くりかえしになるが、同記念碑はひとり三十年会によるものではない。刻名の共通項は「東京…」で、だから名古屋、大阪、広島といった地の先人たちの名はここには無い。含まれていない。さらにその活躍分野は、わが自動車草創期のメーカー、ディーラーから、タクシー、整備、部品、機械工具と広い範囲にわたっている。

碑が建立されたのは、確かに東京の業界人で「東京…」の碑にはちがいない。が、同時にこの碑は、全国総ての、自動車に生涯をささげつつある先人、同志を顕彰していて、その先人、同志たちの研鑽・努力は、今日こそ思い致すべき時ではないかと思われる。そのことが、記念碑のことを紹介した二つ目の理由というわけだ。

一九九八・六

シナトラとくるま

どこかにもこの話、書いているが…。世紀の歌手ビング・クロスビー家のクルマのブランドが「フォード」というのは、ブランド・ロイアリティーを象徴するエピソードだ。が、ビン・クロと並び立つF・シナトラが「キャディラック」というのは…。はて。

シナトラを最初に聞いたのは、一九四六年の「メトロノーム・オールスターズ」で、快適なノリとテンポで名曲「スウィート・ロレイン」(可愛いロレインちゃんとでも言いましょうか)を歌った時だった。もちろん「その後…」何年か経たあと、レコードで――。

そのフランク・シナトラが、去る五月十四日午後一〇時五〇分(日本時間十五日午後二時五〇分)、入院先の米ロサンゼルスの病院で、心臓発作のために亡くなった。生まれたのが一九一五年十二月十二日、ハドソン河をはさんだマンハッタンの対岸の港町ホボーケンだったから、八十二歳だった。

この忙しい世の中、月刊誌だとあらかたの話は旧聞になってしまう。が、レコード店――CD店と言うべきか――ではまだ、シナトラのCDを並べて〝追悼特集〟をしているから、まだまだ話題にしても許されていいだろう。

ちなみに、この時シナトラのバックをつとめたメトロノーム・オールスターズは、アメリカの権威あるジャズ専門誌「メトロノーム」が、一九三九年いらい――と言ってもそのあと一九四二年から四五年までは第二次世界大戦で中断されてしまうが——毎年、読者の人気投票によって選んだ文字通りのオールスターズ。

メンバーはトランペット／チャーリー・シェーバース、トロンボーン／ローレンス・ブラウン、アルト・サックス／ジョニー・ホッジス、バリトン・サックス／ハリー・カーネー、ドラムス／バディー・リッチ。そしてピアノがキング・コールという、年配ジャズ・ファンなら心が震え、足が思わず拍子をとり始めるような顔ぶれだ。

と言っても、知らない人が殆んどかも知れない。が、多少〝解説〟めいたものを加えると、今や大歌手になったナタリー・コールの親父(おやじ)がピアノのキング・コール。そのキング・コールは、同じスウィート・ロレインを、もう少し思い入れたっぷりのスローなテンポで、一九四三年に契約したキャピトル・レコードに残している。

と言ったことを書いても、音楽が無いことには、一向に面白くありませんね。

〝別者〟のシナトラ

ところでそのシナトラは、こんど亡くなった大御所シナトラとは、何故か別人だったような気がしてならない。少くとも大御所などとマスコミが囃す、持ってまわったシナトラ像とは。さて、どちらが本物だったのだろうか。

仮りに両者が〝別者〟とすると、その別者(別物)になったのは、一九五五年の映画『黄金の腕』あたりのような気がする。

この映画も、この度の訃に当たりテレビで再放送されている。
モノクロ。タイトル・バックは『八十日間世界一周』のクレジットで名を高めた**ソール・バス**。麻薬中毒のギャンブラー、シナトラに懸命につくすキム・ノバクが美しかったですね。
そんなシナトラが、もっと〝そんなシナトラ〟ぶりを演ずるのは、ラスベガスのカジノ五軒を一挙に襲撃する元空挺部隊の寓話、いわゆる「シナトラ一家」総出の映画『**オーシャンと十一人の仲間**』(一九六〇年)だが、そのシナトラ一家は、一九五七年に惜しまれて世を去ったボギーことあのハンフリー・ボガードが、アンチ・ハリウッド・スターたちを集めてつくっていた親睦グループ「ビバリー・ヒルズのねずみ党」を彼の亡きあとシナトラが継いだもの、と言われている。にもかかわらずそのボギーが亡くなって間もない頃モーションをかけるなど、けしからん(このフレーズ、私語)夫人ローレン・バコールに

ヒットチャート二七位の「マイウェイ」

もちろん、シナトラの歌が下手になったなどとは言わない。ますます円熟味を増し、彼があこがれていた世紀のクルーナー、ビング・クロスビーと並び称される大歌手になっていく。その行きつく先が、一九六七年につくられたシャルル・アズナブールのシャンソンに、ポール・アンカが英詞をつけた、あの「**マイウェイ**」と言うことにな

ソール・バス(一九二〇年五月八日〜一九九六年四月二五日)
ニューヨーク出身のグラフィック・デザイナー、映画のタイトルではシネラマ「八十日間世界一周」のタイトル・クレジットを手がけたことで映画界に衝撃をもたらす。幾何学模様的デザインを〝動画〟にしている。

オーシャンと十一人の仲間
シナトラ演ずるオーシャンと、その旧空挺部隊の仲間が、ラスベガスのカジノ五軒を一斉に襲い売上げを盗む痛快無比の映画の題名。
そのあと出来たいくつかの続編のような暴力的シーンは一切無い。

ろうか。

とりわけ日本人ファンの多くは、それぞれの〝我が人生〟になぞらえ、思い入れ、さらにカラオケで歌うといった行為を介在させながら、そのことでシナトラ好きを増幅させている。人の趣味、好みをとやかく言うことは無いのだが…。

ついでながらその「マイウェイ」、一九六九年に大ヒット、とわがマスコミには書かれているが、全米ヒット・チャートでは最高二七位までにしか行っていない。

そして、オールド・ファンとしてはやはり、大御所に変身する以前のシナトラの方が――と思いたい。

一九三九年、ハリー・ジェームス楽団に入り、四〇年トミー・ドーシー・オーケストラに移り、四二年にソロ歌手として独立する。一九四三年には、ニューヨークのパラマウント劇場でファンのボビー・ソクサー（女学生、昨今で言えばルーズ・ソックスの女学生?）たちを集団失神させるという有名なエピソードを残す。

そんな時代のシナトラだ。

映画でも、さきの『黄金の腕』の二年前、オスカー助演男優賞に輝き、一時のどを痛めたり、マフィアがらみなどのうわさで低迷していた五〇年代初めから奇蹟のカンバックを遂げた「地上（ここ）より永遠（とは）に」では、まだ〝前者〟（大御所になる以前）のシナトラだった。

マイウェイ
絶叫調で歌うシナトラの持ち歌ではない。一九六七年、仏クロード・フランソワ作詞ジル・ティボー作曲のシャンソンで、歌手シャルル・アズナブールが坦坦と唄ってヒットしたことは、日本ではあまり知られていない。

後年のシナトラのレコーディングには、シャンソンのシャルル・アズナブール、ラテンのフリオ・イグレシアスなど超豪華メンバーとのアルバム「デュエット」「デュエットⅡ」などのアルバム、ラスベガスのステージの雰囲気をそのまま東京に持ち込んだような、ライザ・ミネリ、サミー・デービス・ジュニアとの「究極のショー」など、渋いがギンギラギンの名作が数多くある。

が、その前史の時代にも、さきの「スウィート・ロレイン」をはじめ、その喉と小節をきかせた聞き捨てならぬ？　名作、名演が沢山残されている。機会があったら是非、一聴をお奨めしたいところだ。

ところで、そのシナトラがあこがれたビング・クロスビー（本名ハリー・リリック・クロスビー。一九〇三年または一九〇四年生れ）が、大のフォード・ファンであったことは知られている。

彼の息子がキャデラックで帰宅したので、「わが家はフォード…」と怒ったところ、「キャデのディーラーで電話を借りて、ただで出て来るのが悪かったから…」と言い訳した（という）エピソードは有名だ。

世はGM対フォード、キャデラック対リンカーン・コンチネンタル。米国車は大型超豪華。ビング・クロスビーの歌が象徴していると言われる中流階級の「夢と良心と良識」をアメリカのデトロイトも反映していたような時代だった。

そのビンクロに対して、さてシナトラは。「キャデラック…」と言う話、聞いたこと、ありますか。まさか「セルシオ…」では。

そのシナトラなど例外として、アメリカの有名人とくるまのブランド・ロイアリティーの話は、探せばずい分とある。

だから、元大統領の「私はフォードです。リンカーンではありません」というジョークも、すっと通る。

それに引きかえ、日本の有名人とくるま、と言う話は、いつまで経ってもついに出来そうにない。そんな時代を、カラオケの「マイウェイ」は象徴してありあまる…?

一九九八・七

視覚障害者に思いやりを

私たちの多くは、何も感ずることなく、道を歩いたり、車や自転車で走ったり、道端に物を置いたりしている。だが——。視覚障害者にとって、そこは危険の連続した空間であることを忘れてはいないか。

とある勉強会で、一枚のスライドを見て、おどろいた。これはうまくない、もう少し品なく直截に言わせてもらうと、「**ヤバイ…**」と思った。

画面のまん中に、いくらかローアングルで一本の歩道が写っている。その歩道の、ほぼ中央に黄色いブロックの連続が、向こうに伸びている。言わずと知れた視覚障害者のための誘導ブロックだ。ここまでは良いが、その誘導ブロックの連続を遮るように、車道に駐車しているくるまが、尻を突き出している。

もちろん、このままでは、視覚障害者は真っすぐに歩いて行けない。

そこで、その人は、どのように歩くか。

歩道の、建物のある側、車道と反対の側を迂回して行くなら、問題は無い。少なくともシリアスな交通事故の心配は無い。ところが、大ていの場合、車道の方を迂回するのだという。理由は、車道の方には、歩行上の邪魔物が路上に無い。逆に建物が軒

「**ヤバイ…**」

自動車とその産業は世界一になったが、その自動車が使用される環境——モータリゼーション——では、「駕籠から…」いきなりマイカー時代に入った社会の後進性がここに——。

を連ねている側には、立て看板があったり、自転車が斜めに置かれ(駐輪)ていたり、積み下ろしの貨物、荷物の類いが路上に置かれていたりして、つまずいたり向う脛をぶっつけてあざをつくったりすることが、きわめて多いから——だそうだ。

だがその結果はどうなるのか。

くるまの往還が見えないので、形としては歩道から車道に、人がいきなり出て来ることになる。で、くるまにハネられたりする。そんな危険がきわめて多くなる。

実は。

実はもうひとつ、大きな問題が、そのスライドにはあったのだ。

写真に写っていたのはどうやら、自動車ディーラーのどこかの営業所のよう。道を塞(ふさ)いでいたのは、営業部員の社用車か、顧客の乗って来たくるまか、あるいはショールームに入れ切れない在庫車、展示車、商品自動車…。

他方、視覚障害者の方は、誰でも知っているように白杖で道路を探りながら歩行して行く。その白杖が、誘導ブロックを塞いでいるくるまを傷つける。

その傷つけられたくるまが、値段の高い高級外国車などの場合、弁償させられることもある、などの話も聞く。

このようなこと、往来に面した営業所の多い自動車ディーラーは、心して、すべきでない。

　このほかにも、視覚障害者には、様々な危険がつきまとう。片っ端から具体例の一部を挙げると――。

・さきのくるまと同様に、歩道の点字ブロックの上にずらりと並んだ自転車群。点字ブロックの付近に並行して置かれたバイク。たとえ点字ブロックの上でなくても、その付近五十センチ以内に置かれたものは、総て障害物になってしまう。白杖が引っかかることによって〝障害物〟となてしまうから。

・自動車との接触事故で、「目」のかわりの白杖を折られてしまうこと。

・横断歩道の上に泊まっている自動車。視覚障害者「ここは横断歩道じゃ無かったのかしら…」。

・トラックのサイド・ミラー。トラックの荷台から突き出た積載物。開きっ放し、上げっ放しのハッチバック・テールデゲート。トラックの荷台後部。いずれも、地表を探りながら進む白杖では、察知することが出来ず、顔面衝突などで大怪我をすることが多い。

・駅の階段など、手すりをつたいながら昇ってくる高齢者――たいていは足元を見つめていて前方を見上げていない――に、同じく手すりをつたって降りて来た視覚障害者がぶつかりそうになる。時には勢いよくぶつかって加害者になってしまう。
・かべ沿いに歩く視覚障害者の杖に路上生活者たち。
・川の字の凸凹のある誘導ブロック・ラインの〝終点〟や〝交差地点〟にある点々だけの警告ブロックの問題。交差している個所に点字ブロックが無かったり、交差場所ではないのに点字ブロックがハメ込まれたりしていて、視覚障害者をまどわす。
・音声信号機の押しボタン。設置場所が不統一のため、通い慣れた場所以外でボタンを探すのが大変。中には汚されていたり、壊されていたり。
・歩道に設けられた駐車場出入りのためのスロープ。幅があるため、歩道と車道の区別がつかなくなり、車道に迷い出てしまうことがままる。
・並べて駐輪してある自転車。将棋倒しにしてしまう。とても元には戻せない。
・目と同じレベルで見やすい筈の案内表示板など。視覚障害者には顔などにモロにぶつかる障害物以外の何物でもない。
・同様に、頭をぶつける「赤提灯」。歩道橋の階段やスロープの裏側。
・道路脇の立て看板。点字ブロック付近に積まれた売店の商品(本屋など)。脚立。上で人が作業していたら、ぶつかって倒れると大変。
・景観を重視して、黄色ではなく他の個所の舗装ブロックと同色にしている点字ブロック。白杖を使う全盲者にはいいが、弱視者には見えない。

――など。

このほか、数を上げるとキリが無いくらいだ。

その結果。全盲者にとっては、①自動車が歩道に乗り上げて停めてある時②道路の端に停めてある時③点字ブロックの上に停めてある時④駐車禁止の場所に停めてある時⑤店の前に停めてある時⑥トランクやテール・ゲートを開けて停めてある時――に、自動車を邪魔に感ずる。

そんな自動車に接触したら。ぶつかったりすることが、よくある三〇％、時々ある二七％、たまにある二五％、計八二％。

歩道に駐車してある自動車をよけようとして、車道を通行する全盲者は。よくある二八％、時々ある三九％、たまにある二三％。ほとんど無いは六％にすぎない。

そして彼らは、「自動車を歩道上に置かないで欲しい」「自動車を誘導ブロックの上に置かないで欲しい」「障害者のそばを通る時は徐行して欲しい」「駐車時にはサイドミラーをたたんで欲しい」「無用なクラクションはやめて」「白杖でくるまを多少傷つけても許して！」

この勉強会は、さき頃行われた**国際交通安全学会**の平成十年度の「研究報告会」だ。報告したのは、筑波大学の助教授、臨床心理士、教育学博士の徳田克己先生をプロ

国際交通安全学会
本田宗一郎氏の創意により一九七四年創立。略称ＩＡＴＳＳは、交通（トラフィック）とセーフティ（安全）の科学（サイエンス）の国際学会（インターナショナル・アソシエーション）の略。発足時の事務局長鈴木辰雄並びに尾崎憲一両氏の学会創成へのワーキングは評価される。医学博士齋藤茂太さん、漫画家の岡部冬彦さん、旅行作家の杉田房子さんなども、これまで学会員として名を連ねる。

ジェクト・リーダーとする「視覚障害者の歩行者としての交通安全ニーズに関する調査研究」を行っているグループ。

この報告会では、同様に、交通機関でのバリア・フリー実現を模索している運輸省の宮嵜拓郎自動車交通局環境対策室長(当時)との質疑応答を介した出会いもあって、良かったと思っている。

が、徳田先生によると、自動車販売店の全国団体が会員の協力で推進している盲導犬キャンペーンの、その盲導犬による視覚障害者誘導にも、関連する様々な問題、指摘し、アドバイスし、改善提言して行きたいことが、多々あるのだと言う。

こんどは、その徳田研究グループと、路上占拠者たちとの出会いを期待したい。世の視覚障害者の交通安全のために。

一九九九・六

「一流」ということ

「コスト」の枠があって、その枠の中で「ベスト」を考えて行くのと、その、創り出すべきモノ、コトの「ベスト」を考えて、そのあと「コスト」を考えて行くのと、一流であるということは、何なのだろう。

ショパンのピアノ協奏曲一番の第二楽章が大好きなＡさんから、ピアノについての話を聞いた。

「音楽の無いドライブなんて…」と、意識して乗用車の車室設計、車載オーディオ機器の選択で、**高度のリスニング・ルーム化**を目指したのは、たしか、山本健一氏と二人で、２ローターの**世界最初のロータリー・エンジン搭載乗用車**の開発を手掛けた、マツダ(旧東洋工業)の渡辺守之さんだった。

同様に、「音楽の無い生活なんて…」と、超安月給、ローン支払いを抱える身で、無けなしの銭をはたいてピアノを買ったのは、いや、やっと買えたのは、あの第一次石油ショックで世の中が騒然としはじめた頃ではなかっただろうか。

それから、程無くどこからともなくわが家に現れて、いらい二十数年、毎年決まった時期に必ず訪れてきてくれるのが、ピアノの調律師のＡさんだ。

高度のリスニング・ルーム化
自動車の車室は、乗員の座る位置、音を発信する場所(たとえばスピーカーの位置)によって、聴こえて来る音に様々な変化を生ずる。
その室内には、さらに走行音(風切り音、タイヤ・ノイズ)、エンジン騒音などが入って来る(騒音)。
そうした条件を踏まえて、運転する上で最も快適な音場を創ること。二〇一二年に発表された「ビュート・オッターヴァ」「レクサスＬＳ」などはそんなモデルの理想的な一例。

世界最初のロータリー・エンジン搭載乗用車
「乗用車」を広義に解釈すると、その一号は、ロータリー・ヴァンケン・エンジンを最初に開発そのAさんの、毎年〝運んで〟来てくれるピアノにまつわる話、興味津々、時には驚天動地奇想天外。古今、内外にわたるピアノ所有者、ピアニストのエピソードから、ご自身調律の合間に鍵盤で口ずさむときの「…第二楽章」の周辺の話まで、何とも面白い。

本当は、ワルツとか、有名な「二番」よりはるかにいい「一番　変ロ短調」のノクターンなど〝華麗〟な曲を弾きたいのだが、あまりに早すぎて、で、協奏曲に挑戦することにしたというのだが、いざ、となると楽譜が無い。

無いわけではない。が、あるのは、ピアノ独奏用に編曲した楽譜。あるいはフル・オーケステレーション用のスコアでピアノのパートを拾い読みするしか無い。そんな中で独学でこれから好きな曲をマスターしようとしているAさん。とっくに現役をリタイアしている齢格好なのに。

そのショパンの譜面の話もある。どう見ても片手の小指と親指のスパンではカバー出来ない音符を同時に叩く――もう片方の手は別の仕事でその瞬間は使えない――ところがあるかと思うと、こういうのもある。単純化して言えば四拍子の曲の一小節には、四分音符が四つ、八分音符なら八つ、と割り切れる音符が書かれている。それが、五つとか十三個とか書かれている。一体、どう弾けばいいの…というわけだ。

調律の仕事についての話もある。

した西ドイツ(当時)の「NSUスポーツ・プリンツ」ということになるだろう。が量産車としては不成功に終わり、生産中止に。

その次がマツダ(東洋工業＝当時)の純粋スポーツ・モデル「マツダ・コスモスポーツ」、狭義の乗用車では同じく「マツダ・ファミリア・ロータリー」次いで「マツダ・ルーチェ・ロータリー・クーペ(写真)」ということになるのではないか。

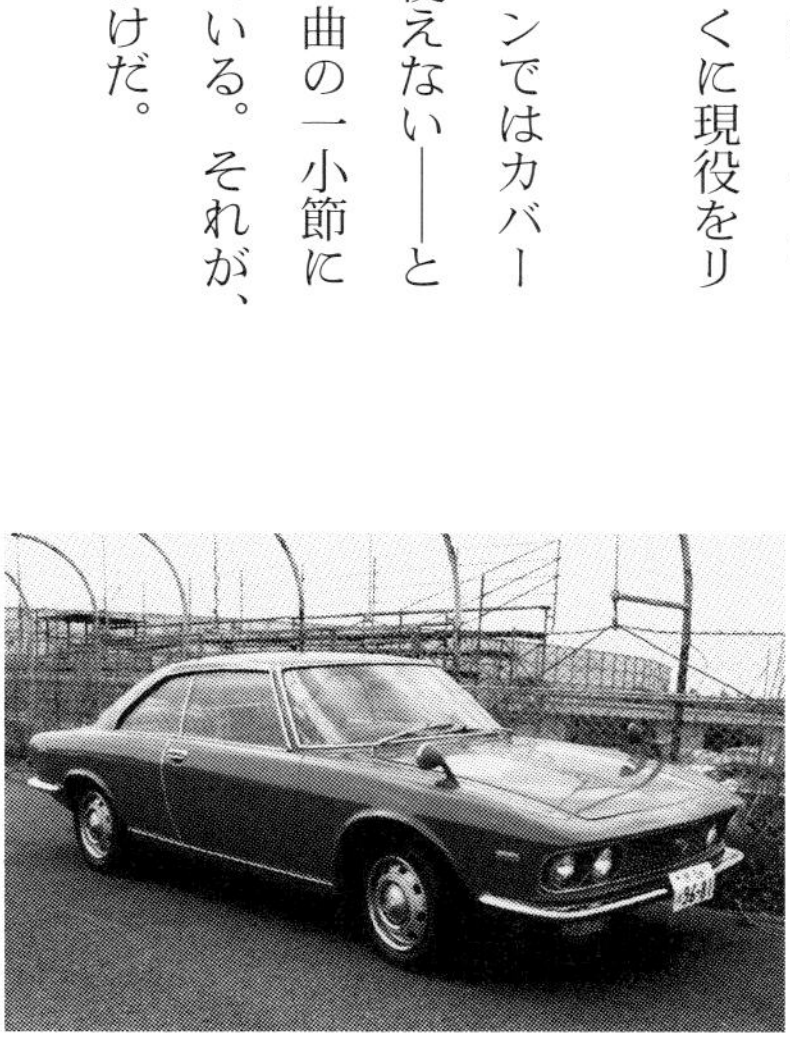

ウィーンのベーゼンドルファーかベルリンのベヒシュタインか銘柄は聞き漏らしたが、こんなピアノがなぜ日本にあるの?、というような名器の調律を依頼されたこともある。

が、昨今の「工業製品」の時代のものではないから、ストリング(弦)を張っているフレームが木製で、鋳鉄ではない。長年放置されていて緩んだ弦を一気に締めにかかると、フレーム自体がビシッと折れて、せっかく歴史の時空を乗り越えて来た名器がわが手で一巻の終わりになりかねない。

最近は、何本もの弦を高張力で張っているのでピアノの寿命は「せいぜい五年….」、ということが言われているそうだが、見事に名器を立ち直らせた仕事師Aさんによれば「そんな話、どこから出てくるのでしょうかね」ということになる。

ハードウェアとしてのピアノに、当然詳しいから、ピアノの先生にピアノの選択についてアドバイスを請われる機会も多い。

そんな時には、ピアノが沢山おいてあるメーカーに連れていったり、紹介したりするそうだ。

で、後日、そのピアノの先生のところに行くと、良い音が出るとはとても言えないような一台を購入して来ていたりすることがある。ピアノの先生の耳は確かな筈(はず)なのに…。

話を聞いてみると、沢山陳列してあるピアノを弾き較べているうちに、どれがいいのか悪い音、響かないピアノなのか、わけがわからなくなってしまって…ということが多い。「ピアノの先生といっても、本当にいいピアノの音を知らないからなのでしょうね」というのが、Aさんの結論だ。

絵画とか、いま流に言うとお宝(たから)の鑑定の話がある。

いろいろと見較べて、どっちが良いとか悪いとか判断する、というのは駄目なそうだ。ではどうしたらいいか。良い品、最高のものをいつも見る。最高のもの、本物だけを。すると、下手な絵画やニセ物は、立ちどころにわかるというのである。Aさんのピアノ選びの話と同じだ。

というわけで、こんどは、一緒にピアノ・メーカーについて行く。

だが、一律に見える沢山のピアノにも、いろいろとあって、最高——もちろん買い手の予算の範囲で——といえるのが無い。そこでやむをえず、比較的良い、というのを選び、メーカーの専門メカニックを呼び出して良くない音のキーを直してもらったり、微調整してもらったりする。

だが、Aさんほどの、ピアノのメカに精通した調律師の目から、その従業員を見ていると、それが良くない。

こういう部署に配属されていて、場合によっては社内のランク付けによる技能資格なども持っている彼らの作業は、多くの場合教条主義的で見当外れ。メカの本当のところが理解されていない場合が多い。

たとえば、思うように音が出ない、音が伸びない。そんな時に彼らのすることは、弦を叩くハンマーの先端についているフェルトを工具で叩いたりさすったり。

だが、弦を叩くハンマーの圧力を調節するのにも、ハンマーに連結するバーの支点にあるワッシャー状のリングの厚みを変えてみるとか様々の方法がある。フェルトを締めるにしても手で叩くぐらいでは駄目。彼らの出来ること、マン・マシンのチューニングにかかっては、実戦経験豊富なメカニックの〝技〟とは較ぶべくもないというのである。

そのことと関係があるのかどうかわからないが、だからこうした〝若手の優秀な人材…〟を抱えた、近代的な量産工場を擁するピアノ・メーカーの製品は——。

世界の巨匠のコンサートにも、吹き込みにも、使用されるピアノ、一流のコンサート・ホールに用意されているピアノは例外なくニューヨークの**スタインウェイ(・アン**

ド・サンズ)とかベーゼンドルファーなど。

生産台数こそ世界一、二を誇っているが、そのピアノが採用され、使用されていること殆ど皆無。

事実、響きのいいホールなどで聞き較べると、まず中音域の音が全く平板。その左側の低音部分は、どのキーを叩いてもボコッ、ボコッ。大げさに音を表現すれば。

それが、スタインウェーなどになると、文字通り高らかに「ジャーン…」と鳴るそうなのだ。

最新技術を豊富に搭載し、ピカピカの省エネ省力量産工場で生産し、その量、世界一、二を争う。走りも申し分無し。だが…、というどこかの国のくるまと、走ることを一義に考えて設計開発し、コストは後から考えているらしい彼の地のくるまと。

そんなことを、Aさんの話を聞いているうちに考えた。

二〇〇〇・七

スタインウェイ／ベーゼンドルファー／ベヒシュタイン

世界三大ピアノ銘柄。生産者はそれぞれ、スタインウェイ親子(アメリカ)、イグナーツ・ベーゼンドルファー(オーストリア)、カール・ベヒシュタイン(ドイツ)

日本のピアノも、ヤマハがロシアの世界的ピアニスト、S・リヒテルに愛用されたり、カワイがアメリカのスウィート・アンド・ホット・ミュージック財団の主催する西海岸の音楽祭で指定銘柄になったりしているが…。

ちなみに、世界の有名ピアノ・コレクションは、日本に近いところでは中国厦門(アモイ)のコロンス島にあるピアノ博物館で見学試聴が出来る。

「ナイトビジョン」賛歌

何をいまさら。レーダーが目の代わりに安全化水準をはるかに高くしている自動車が、すでに実用化され、市販されているのに。いや待てヨ。人がその目で見て、確認した方が人が運転する自動車の安全は確かなものになるのではないか。

「ナイトビジョン」に乗った。いや、「ナイトビジョン」を搭載したくるまに試乗してみた。

物を良く見よう。物を遠くまで見よう。物をよりはっきりと見よう…。そんな人間の本能、人間の欲求が、望遠鏡など物を見る補助装置の開発になったのは疑いない。望遠鏡について言えば、歴史的には十七世紀初め、オランダのミデルブルクの、イタリアから技術導入されたガラス工場が発祥らしい。そこでクリスタル・ガラスが生産され、眼鏡のためのレンズ研磨も行われていた。

その眼鏡には、哲学者セネカ(紀元前四〜後六五年)がローマ図書館で水球儀を通して文字を拡大して本を読んだという〝目撃談〟や、レンズの効用を書いたイギリスのスコラ学者R・ベーコンの著作(十三世紀)、同様に十三世紀初頭の中国の文献の中での記録などがある。

その眼鏡用レンズの研磨師ハリス・リッペルズハイが一六〇八年に、望遠鏡の特許を申請した記録が残されている。遠くを見るのが動機で、だから軍事用が目的ではなかったか、などと考えられている。

そのオランダでの成功を聞いたのが、ガリレオで、彼は翌一六〇九年に理論解析を行い凸レンズの対物、凹レンズの接眼両レンズを使った望遠鏡を試作した。

いらい望遠鏡は、接眼レンズにも凸レンズを使ったケプラー方式(一六一一年)、レンズではなくて凹面鏡を使ったグレゴリーの反射式(一六六三年)などへと発達。日本には一六一三年(慶長十八年)、早くもイギリス使節によって渡来を果たしている。が、あまり見えすぎるのは困る、と地上用のは江戸初期に幕府により禁制品に。

その望遠鏡はさらに、光より波長の長い赤外線をキャッチする赤外線望遠鏡や電波を受信して映像化する電波望遠鏡などに発展して来ている。

物がいよいよ良く遠くクリアに見えてくるというわけだが、その赤外線を、物を見る上で利用しようというのが「ナイトビジョン」。それを車載しているのが二〇〇〇年モデルのキャデラック・ドゥ・ビルというわけだ。

ちなみにこのシステム。一年ほど以前になるか、大新聞系週刊誌の連載新車紹介記事で紹介されている。くるまのドライブ・フィーリングを、いろいろと奇想天外な単語を並べて表現している記事で、その時の内容はたしか「米ゼネラル・モーターズ社が世界でトップにある威信をかけて、その威信と誇りを象徴するトップ・ブランドの最上級車キャデラック・ドゥ・ビルに、こんな仕掛けまで搭載しました。が…」といった口調だったと記憶している。

だから、話としては二番煎じになる。

もうひとつ。題名は忘れたが、第二次大戦での太平洋戦線を扱った映画だったと思う。

孤島を守る日本軍が、上陸してきた米軍に得意の(得意だった筈の)夜襲をかける。がその日本軍の一人一人が、敵の暗視スコープにはっきり見られていて、ほとんど全滅させられる。

あれも、今から考えてみると「ナイトビジョン」の一種だったにちがいない。その後、「ソ連軍放出の…」夜間双眼鏡が日本市場に出回ったり、湾岸戦争の〝TV中継〟も、「同じ目」が見ていたのだろう。

その車載版だ。

実際には、薄暮でもくるまのライトのスイッチをオンにすれば、ビジョンすなわち映像は現れる。見える。ちょうどステアリングの上縁の先、ドライバーの視線上のウインド・シールドに。

もちろん、ダッシュボードのドア側の下にあるナイトビジョンのコントロール・スイッチをオンにしている時だ。オフの時はビジョンは出ない。コントロール・スイッチには、ウインド・シールドの映像位置をドライバーの視線に合わせて上下に移動させるスイッチもある。

くり返すと、ナイトビジョンのコントロール・スイッチをオンにしてくるまのライト（ヘッド・ライト、フォグ・ランプなど）をオンにする、あるいはライト類をオンにしてナイトビジョンのスイッチをオンにすると、目の前のガラスにまず、「ナイト・ビジョン」と文字とマークが出、ちょうどテレビやパソコンの立ち上がりのようにシステムのウォームアップが終ると、前方の映像が映り出す。

なぜ映るのか。

すべての物体は、絶対温度ゼロ以上で何らかの形で赤外線を放射している。その、くるまの前方の人や動物あるいは走行中の他のくるまの放射する赤外線を、キャデラックのフロントグリル中央、ちょうどエンブレムのある位置にそのエンブレムに代って装着されたカメラがとらえ、特殊なフィルターとレンズを使ってイメージ映像——赤外線は可視光線と異なり色彩が無いので総てモノクロで——化し、その映像を**ヘッドアップディスプレー**でウインド・シールドに映し出す、という仕組みだ。映像のコントラストも調節出来る。熱を持った物ほど白く浮き出て来る。映像のサイズは、実

ヘッドアップ・ディスプレー
運転席ダッシュボードで見ることの出来る映像を、半透明のプリズムでフロント・ウィンドシールドに投影するシステム。運転者は視線を進行方向に向けたまま、映像を視認することが可能になる。

像とほぼ一対一だから、前方の実像と違和感なく見ることが出来る。

もちろんシステムの開発には様々な工夫がある。映像を、別に用意したディスプレーで見るという考え方を排したのもその一つ。もし同じ感度の赤外線を前方視野の中の物体が放射している場合、その中から微妙な温度差を検知してたとえば人や動物だけを見ることが出来るよう、回転ディスク・シャッターを発明したこともその一つだ。

では、そこでは、何が見えたのか。

妙に距離感の無くなる薄暮でも、ナイトビジョンの映像は見ることが出来る。が、何といってもハイライトは、真暗闇だ。真暗闇ではくるまは動かせないし、ライトをつけないとナイトビジョンも作動しないから、とりあえずヘッドランプを点灯する。保安基準だとロービームで◯◯メートル、ハイで◯◯メートルまで見ることが出来ることになっている。が、その範囲は先に行くに従って円錐型に先すぼみになる。ナイトビジョンの視野はこれに対し、放射状に広がり、ロービームの約三~五倍の前方にも達する。

言いかえると、夜間くるまで走っていて、全く見えていないはるか前方の人の横断や道端を走っているジョギング中の人物、動物などが、すでに白く見えてしまっている——ウインド・シールドに映像として投影されている——というわけだ。そのまま走って行くと、しばらく走ってやがてその人や動物がヘッドランプの視界の中で見えてくる、そんな感じだ。

それだけにとどまらない。

対向車がハイビームなどの場合、その中に入ってしまった前景——もちろん人も——は全く見えなくなる。が、ナイトビジョンはそんなことに頓着しない。光の向うのかくれた〝危険〟をはっきり見せてくれてしまうのである。

夜間のドライブは全体の四分の一なのに、死亡事故は二分の一にも達する、とＮＨＴＳＡ（全米高速道路交通安全庁）が発表している。キャデラックにとどまらず、カーナビなどより先に、多くのモデルに標準装備したいと実感した。

が——。「前例が無いので…」と、搭載モデルの形式認定（実質的な販売許可）、どこかの国では一年近くかかったそうだ。

二〇〇〇・十一

ジャズとくるま？　の「二十世紀」

二十世紀が過ぎ去ってすでに十余年。その二十世紀を振り返って、「二十世紀とは何だったのだろうか」と考えると。スウィートでホットで、リズムがあってロマンティックな「ジャズ」と「クルマ」の世紀だった。

異論が多々あることは承知の上で、私たちが人生を過ごして来た「二十世紀」を、ある切り口——例の独断と偏見——で総括すると、それは、くるまとジャズの時代であった、と言うことが出来るのではないか。

そこで早速、反論が出て来る。

「くるまは、もっと以前からあった…」。

二本の足で立つ人類が誕生し、最初はその二本の足で歩き、手で物を持ちぶら下げて移動していた。が、やがて物を運ぶのに中をくり抜いた木に乗せ、それを引っ張るようになる。

その木はやがてソリ状になる。ソリの地面との抵抗を減らすためにコロが使われ出す。

時代は「…万年」の単位でずっと下がって、ソリ、コロは、舗装された道路というシステムの上にくるまが乗る頃になっても、卑近な例が古代エジプトのピラミッド建設などで利用され続けることになる。が、くるまも発明され、利用され始める。

紀元前三〇〇〇年ごろ、チグリス・ユーフラテス川の肥沃なデルタ地帯で四大文明のひとつが発祥するが、その担い手シュメール人が、くるま(車輪)を発明している。同時に、屋根のついた背の高い箱状のものの両側にくるまをつけた、今日的な意味でのくるま(乗り物)もつくったらしい。それが何に使われたかは別にして、その両側についた車輪は、直径約六〇センチ。木のスポークまであって、それが十字形に結びつけられていた。

紀元前二百~三百年前の中国、秦の時代には、並列四頭立て、カーゴにはサスペンションまでついていそうな馬車があって、その時代に製作されたその実物大と覚しきレプリカも、西安の兵馬俑博物館で見ることが出来る。

それにとどまらず、その並行四頭立てが〝高速〟で走れるハイウェーも、首都咸陽(現在の西安)の西北(陝西省)から山東省、江蘇省、湖北省などに延びている。

こうなると、「くるまはもっとずっと以前から…」あった。そう言われても反論の余地はない。

「自動車」と限定しても、「二十世紀?」と指摘されてしまうだろう。改めて言うまでもなく、ゴットリープ・ダイムラーとカール・ベンツがガソリン・エンジン搭載の自動車をつくったのは、一八八五年。イギリスの**トレビシック**は一八〇一年に蒸気で走る自動車で時速一四キロの新記録を樹立している。スターリン時代のロシア人は、世界最初のガソリン機関の自動車を作ったのはコストヴイッチ同志でそれは一八八四年のことだった、と信じていた。

いずれにしても十九世紀のことで「二十世紀…、ん?」ということになる。が、それにもかかわらず、あるいは「自動車を初めて大量生産して低価格で売り出したのはアメリカ人ランサム・E・オールズで、それは一九〇六年。まごうかた無き二十世紀のことだった」などと言い出さなくても…。「二十世紀はくるま(自動車)の世紀」だったですよネ。

話はとぶが、この十一月にたまたま、NPO─RJC(特定非営利活動法人・日本自動車研究者ジャーナリスト会議)の恒例〝年ぐるま〟えらびが行われ、ことし発表・発売された内外のくるまがその評価を競った。

同会議は、文字通り自動車の研究者とジャーナリストという、くるまについての「発言者」たちの最大公約数的──だから〝平均的日本人〟的──集団で、メーカーからの広告が経営収入のひとつの柱になっている車雑誌社が推せんするドライバーたちによる記名公開投票(だから悪く言えばヒモつきになりやすい)によって決まる「賞」などにくらべると、評価は客観的だ、などとも言われているが、こうした「行事」が毎年実施さ

リチャード・トレビシック(一七七一年四月一三日〜一八三三年四月二二日)
イギリスの技術者、発明家。一七九〇年に父の跡を継ぎコーンウォールの鉱山技師に。ここで一七九七年、鉱山用排水ポンプ用蒸気機関の水蒸気圧を高圧にすると、熱効率が高くなって機関を小さく出来ることを〝発見〟。一八〇一年には、それを搭載した蒸気汽関車の原型をつくる。産業革命を実質的に推進することになった。

れるのも、二十世紀がくるまの世紀であることの証左かも知れない。

ついでに二十一世紀は。人類社会発祥の頃から続いているくるま依存のメガ・トレンドに代わるものが何か考えられるだろうか。


さて、もうひとつ。二十世紀の象徴「ジャズ」。

今日、私たちが耳にする洋楽の起源は、ほとんど総てキリスト教の周辺の、あるいは教会の音楽に求めることが出来る。

最初は、神への祈りの声で、それが複数の声に和して行き、清澄、澄明さを増していって、そこに抑揚もついて来る。その抑揚の高低を一本の横線の上下に記して行って、その一本が三本になり五本になったのが今日の五線紙の五線で、その五線に乗った音符が、教会から王侯貴族の館、ブルジョワたちのホール、一般の人々が音楽を耳にすることの出来る大ホール、そしてさらにオーディオ機器の進化によって、「衆」から「個」を対象にしたものへと、質の変化を同時に伴いながら今日に続いて来ている。

この辺りは、日本の誇る作曲家ですぐれたエッセイストでもある團伊玖磨さんの、ほとんど請け売りだが、ジャズも、その洋楽の流れを汲むものといっていい。

もう少し具体的に言えば、その洋楽の一つの支流と、アフリカに起源が求められる、一拍置いた(シンコペーション)リズムの合体した音楽で、その意味では、さきの「くるま二十世紀」への異論と同様に、「何で二十世紀…?」と指摘されるかも知れない。

さらに、音楽は洋楽に限らない、和楽もある、第三世界の様々な音楽もまた音楽なり、と言われれば、まさにその通りだ。

第一、ジャズについてさえ、こんな指摘がある。クラリネット奏者の第一人者の一人でベニー・グッドマン・セクステット(六重奏団)からギターないしトランペットを抜いたクインテット(五重奏団)を率いて活躍している藤家虹二(故人)さんが、二、三日前に言っていたことだ。

「ジャズは、スウィートでホットで、渋くて、ロマンティック、リズムがあってメロディーがあると思っていたら、最近はわけがわからなくなって、やっている当人だけはいい気になっていて、いやその当人さえわけがわからない…。私たちのは相変わらず――」。

それでも「二十世紀はジャズの世紀」と言えるのか。

ところが。

ジャズの発祥地と言われるアメリカのニュー・オーリンズでは、ルイ・アームストロングはもちろん、その先輩格、伝説的人物のバディー・ボールデンなどの足跡とか、彼らのジャズ演奏のパトロンだったリリ・ホワイトが経営していた有名な〝娼婦の館〟マホガニー・ホール――現在は雑草生い茂る地上げ跡のようなビルの谷間の空地のままだが——について の研究などに、改めて脚光が当てられているのである。時代の振り子が戻って来ているのだ。

これも「やらなければ、何も残らなかった——」自動車技術会の、日本の自動車技術の歩みを記録する「故実蒐集」活動と同様に、故(ふる)きを温(たず)ねて新しき二十一世紀への指針を知ることにつながって行くことになるにちがいない。

それはそうとしてもう一度、何で「ジャズ」、トラッド(伝統的)なジャズが二十世紀を象徴することになるのか。

この点についても、理屈抜き。戦争や殺し合いと無縁のこんな楽しい音楽、人種、民族、宗教を超えた普遍的な音楽、これまでの世紀にありましたか。

二〇〇〇・十二

スズメ

人の姿を見、気配を感ずると、すぐ逃げる日本のスズメ。食事をしていると皿の端まで来て喙(くちばし)を突っ込んで来るハワイのスズメ。「駕籠からマイカー」の日本と、馬車時代をきちんと踏んで来た欧米自動車先進国。スズメが逃げなくなるのは、いつ?

久方ぶりの雪の朝、猫額大庭に薄く積もった雪の上に、小さい鳥の足跡が点々と散らばっている。鳥、小鳥たち…。

鳥のことを考えているうちに、いまや遠い昔の話になったいくつかのことを思い出した。

まず「雷鳥」。冬は保護色で雪のように純白になって、目の上にある朱色のアイブロー状のトサカだけが目立つ。日本では、日本アルプスなど限られた高山だけに住んでいる。

その雷鳥とアメリカのサンダーバードと、両者同じ鳥なのかどうかわからないが、まず思い出したのが、鳥ならぬ米国フォード社の名車「**サンダーバード**」のことだ。

いまの乗用車は、側面に凹凸が無いフラッシュ・サイドというのが常識になっている。それ以前にはフロントフェンダーが、タイヤ・ハウス然とふくらんで出っ張って

サンダーバード

最高級セダン「リンカーン」のシルエットとイメージを生かしたスペシャリティー・カー。最初に登場したのは一九五四年のデトロイトショー。十一代目まで続く。GMのコルベットと対称的な存在だった。

いた。そのフラッシュ・サイドの先駆けとなったのは、一九四九年型フォード。そのフォードは、これも現在の常識、スリー・ボックスの先駆けでもあった。

その米フォード社にはもう一つ売り物があった。一九三二年から営々と技術を積み重ねて来たV型八気筒エンジンだ。そして、そのV８とフラッシュ・サイドのスタイリングをシャープでコンパクトなモデルに一体化させ、一九五五年にさっそうと登場した〝スペシャルティー・カー〟が米国版雷鳥ことフォード・サンダーバードだ。その後モデル・チェンジを重ねる毎に、つまらないセダンまがいになってしまったが。

ついでに。その後一九六〇年代央に同社は廉価版のスポーティー・カー「マスタン」(鳥ではなくて、こっちは馬だ。日本では「ムスタング」などとローマ字読みが通用してしまったが)を発表して、商業的に大ヒットとなる。

それだけにとどまらず、フォードのビンテージ・モデルと言うと、まず、こちらの方が出て来る。ニコラス・ケージの自動車泥棒映画でもほとんど神格化されていた。

だが言わせてもらえれば、往年のサンダーバードの栄光の残照でずい分と得をした大衆車にすぎないと思うのだ。

ちなみに、好著『進駐軍時代と車たち』の著者、車屋四六こと青木英夫氏のメモによると、この年日本では、東宝から水爆ゴジラが誕生したが、ビキニ環礁での第五福龍丸水爆被爆事件発生で影が薄くなる。ジェームス・ディーンがサンダーバードでなくてポルシェで立ち木に衝突、あえなく死亡。わが自動車業界ではトヨペット・クラウンが誕生したが、航空機製造の世界では、すでに「**F八六―F**」ジェット戦闘機の国産化がスタートするに至っている。

と、ここまでが例によって長い前置き。その輝かしきサンダーバードを「…アメリカの“粋人”たちの人気モデル」といった表現で『外車アルバム』(日刊自動車新聞社刊)という本に書いたところ、同様にムック的くるまアルバムを毎年一回発行していた大新聞A紙が、その中に同じ説明をそっくり引用していたのを思い出した――というわけだ。

鳥の字がつくくるまで落とすと叱られるのは、戦後自動車産業の歴史と共に歩んで来た「ブルーバード」だろう。最新の千八百c・c・モデル「**ブルーバード・シルフィ**」は、走れば走るほど大気が浄化される(筈の)エンジンなどを搭載している。

そのブルーバード、先行のダットサンを継いで登場したのは一九五九年。当時メーカーが提携生産していたオースチン・ケンブリッジの室内の雰囲気を感じさせる二本ワイヤ・スポークのハンドルとか、テール・ランプの形状が煎餅の柿の種に似ているところからそんな愛称で呼ばれたり。

米国上陸を果たしたもののフリーウェーに乗れなくて、陸揚げ埠頭に野ざらしにな

F―86

Fは米空軍で「戦闘機」の略称。第二次大戦中の一九四三年に結成されたノースアメリカン社のジェット戦闘機開発チームが、同社製の戦闘機「P―51」をベースに開発を開始。一九四九年に「F―86」として制式採用し朝鮮戦争の第一戦で活躍。日本の航空自衛隊では一九八〇年まで現役で使用されていた。同社のいわばプロトタイプ実験機「ベルX―1」はW・ホールデン主演の音速に挑戦する映画「ロケットパイロット」にも。

最高一一二〇キロ/時、上昇率毎分二八四〇メートル、上昇限度一万四六〇〇メートル。

っていたトヨペット・クラウンを尻目に、米国市場で華々しく活躍したのもこのモデル。

そんなことを背景に、意気揚揚と初渡米する社長を見送りに、羽田空港の旧ターミナル出発ロビーが関係者で一杯になったこと。その彼らを貴賓のように〝謁見〟したくだんの社長が、軽ではなくブルーバードを「国民車にする」と胸を張ったこと。

ヨーロッパ――正確にはスカンジナビアのノルウェー――初進出したその二代目は、イタリアのピニンファリーナのスタイルによるものと言われているが、実はそのままではなくて、お尻のデザインをいじって全体のデザイン・バランスをくずしてしまっていて、「尻を蹴られたアヒル」などと言われていたこと。モデル・ライフが長いだけに、まあ、話はいろいろある。

いろいろあると言えば、米ゼネラル・モーターズ社に「**ポンティアク・ファイアバード**」（火の鳥）などというすさまじいのもありましたね。

そうそう。くるまの話ではなくて鳥の話。

関東南部、この辺り、どうせ雪にもみじの葉のようないたずら書きをした雀ぐらいしかいないだろうと考えていたら、そうでもない。

大きい方から言うと、まず開翼長百六〇センチくらいまでになる「トビ」。そのト

ブルーバード・シルフィー
一九五九年以来販売を続けた、ブルーバードのブランドを一新する形で二〇〇〇年八月に発売。搭載されたＱＧ１８ＤＥエンジンは、排出ガス浄化性能を大幅に向上させたもので、当時の運輸省の低排出ガス車認定制度で最もクリーンな「超―低排出ガス」の基準値をさらに五〇％以上下回っていた。

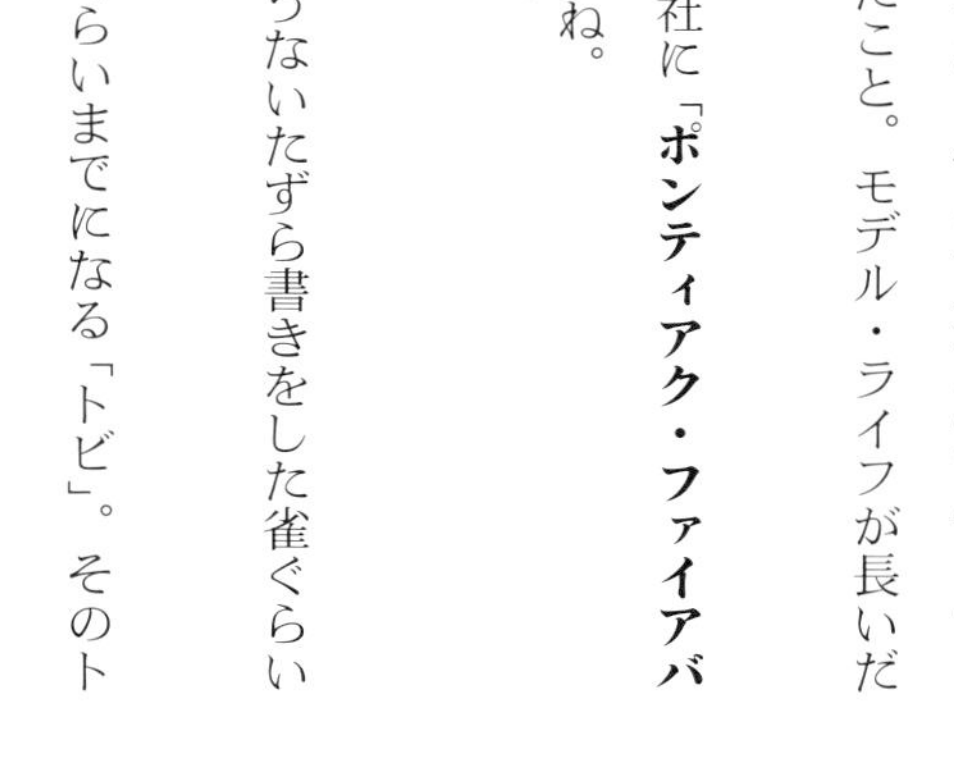

ビにまじって時々見かける「ユリカモメ」。わが家の窓ガラスの反射に時々突進して来る「ハシブト・ガラス」。それに「ハシボソ・ガラス」。いつもつがいの「キジバト」。駅のホームの「土鳩」。春先から初夏にかけて、良く言われるのと同じ節で鳴く「ウグイス」。軒下の「ツバメ」。白と黒、尻っぽの長い「ハクセキレイ」。嘴と足があざやかなオレンジの「ムクドリ」。

木の幹に小さくぽっかりあいた穴を見つけたから、「コゲラ」などもいるのかも知れないし、「スズメ」と同じようにしか見えない名前のわからぬ鳥たちも、恐らくいるのだろう。

が、この中でやはり気になるのが「スズメ」だ。

エサなど撒いておくと、そのエサのサイズにもよるが、まず来るのがスズメ。寄って来たスズメが何かにおびえてさっと散ると、カラスが近くにいるが、その間隙をぬってまたスズメ、スズメ、スズメ…だ。

燕雀(エンジャク)目スズメ科の鳥。ユーラシア大陸の大部分、アフリカ北部、南の島などに分布。もちろん日本各地でやたらに見掛ける。ツバメがハエやブヨ、カなどを捕食するのに対し、スズメはイネ、茶などの害虫を多くとらえ、穀類も落ち穂、こぼれた粒専門のようなので、“舌を切る”のは間違い、益鳥なんだ、と鳥類学者は彼等を援護する。

ポンティアック・ファイアーバード

ストック・カー・ベースのスポーツカー（一九六七〜一九六九）。シボレー・カマロの姉妹車。フレームに〈炎〉を模したボディー・ペイントでも有名。写真は一九七四年モデル。

確かに見ていても、芝生の間に落ちていた小さな粒まで、良くぞ見付けて無駄なくついばんでくれるもの、と感心することしきりだ。

そこで、ヒマにまかせて少しは手なづけてやろうと思うのだが、彼らは絶対的な人間不信の存在で、そのことは「全世界共通…」と指摘する学説もある。近づくと逃げられる、ま、仕方無いか。

ところが、全然逃げないスズメ、人の足元にヨチヨチ寄って来たり。テーブルの上に来てパンくずをついばんだりするスズメがいるのだ。ハワイに。

彼らはスズメではないのだろうか。あるいは、すぐ焼き鳥にされることのない環境に代々育ってきたためにそうなったのだろうか。高々戦後五〇余年の歴史しか無い日本のモータリストと、馬車の時代からくるまの文化に馴化し続けて来ている、おっとり型の欧米モータリストたちの走り方がちがうように。

二〇〇一・二

ハロー・サッチ

ニュー・オーリンズで出会った女性ジャーナリストに、ジャズの文化遺産継承のことを教えられる。二十世紀を代表する一人、ルイ・アームストロングのトランペットも、そんな文化遺産を大切にする土壌の上に、明るい音を響かせている。

この春は、ひととき、しあわせだった。それにひきかえ現在は…、と言うわけでは必ずしもないのだが――。

生粋東京・下町風。落語的にいえば〝すこぶるつき〟の美女の中山美穂さんが、口のまわりに泡をくっつけて「生(ナマ)…」をぐいっと――「ごく、ごく」か、いや東海林さだおさん流に「ング、ング」かな――飲(や)る。そのバックにバンジョー・ソロのイントロが重なり、ルイ・アームストロングのボーカルが「ハロー・ドリー」と続く。そんなＴＶのＣＭを〝聴く〟ことが出来たということもある。

あの、乾いたリズミカルなバンジョーを聞いたら、思わずビールと肴を抱えてＣＭ中の中山さんのように階段を、トントン登り下りしたくなりませんか。

だがもうひとつ、ある。他人にとってはつまらないことだが。

レコード・ショップがその店頭に、背景が桜色の藤子不二雄Ⓐ氏描き下ろしのＣＤ

ジャケットを、ちょうど桜が咲いたように並べて、そのルイ・アームストロング生誕一〇〇周年記念アルバムのセールス・キャンペーンをこの春、花々しく展開していたからである。

レコードの時代には、試聴でやたらに針を下ろすわけには行かなかった。ところがＣＤでは、聞きたいＣＤ、聞きたい曲をヘッドフォンでえらんで試聴することが自由になった。

その試聴盤にさきのアルバムが入っていて、しかもそんなキャンペーンをどこでも一斉にやっていて歩き疲れた時など、どこでも、頭の中のメモリーにある東京周辺のレコード・ショップ地図でそこが一刻のご機嫌な想いのスポットになったというわけだ。

と書くと「いや待て」と言われるかも知れない。

ルイ・アームストロングが誕生したのは、一九〇〇年のアメリカ独立記念日の七月四日の筈で、だからミレニアム記念を言うんだったら、それは去年のことだったのではなかったのか――と。

この辺りのことは、日本ルイ・アームストロング協会会長で、サッチ、ないしサッチモことルイ・アームストロングと同様トランペット奏者で、バンド「デキシー・セインツ」のリーダー、さらに学者でもある**外山喜雄**さんがこのアルバムのライナー・ノーツに詳しく書いている。

「…と信じられていた。しかし一九八〇年代になってナントその日付が間違っていたことが判明した。

ジャズのリサーチをしていたある研究者が、偶然教会の洗礼記録の中に、ルイ・アームストロングの名前を見つけたのである。新発見によると、ルイの誕生日は、今まで信じられてきた日付の約一年後の一九〇一年八月四日、本人も死ぬまで知らなかった新事実であった」

だから、ことしこそ、生誕百周年ということになる。百年後の八月。

となると、この拙いコラムも八月が良かった…、とあとで気がついたが、とにかく長年、七月はサッチモの生まれた月ということでやって来たのだからとにかく、と勝手な理由をこじつけて続けると、マエストロ外山はこのライナー・ノーツの「ルイ・アームストロング・ストーリー」の中で、短い文にもかかわらず、彼の総て、彼を語る上で必要なことを、実に的確に紹介している。

たとえば「ズ・ビ・デュバ」。

擬音でもない。言葉でもない。そんなジャズ特有のボーカル〝**スキャット**〟を始めた

外山喜雄（一九四四年八月二五日～）

日本のスウィング・デキシーランド・ジャズ・トランペット奏者。日本ルイ・アームストロング協会の会長。楽団デキシー・セインツ・リーダー。

早稲田大学ニュー・オーリンズ・クラブ出身。在学中にピアノ、バンジョー奏者恵子氏と出会い、卒業後結婚しニュー・オーリンズへ。五年後帰国、バンド結成。演奏活動と並行して日本ルイ・アームストロング協会を創立。ニュー・オーリンズの子供達に楽器を贈る活動（二〇〇五年から）で外務大臣表彰。ハリケーン・カトリーナ被災者救援でニュー・オーリンズ名誉市民、二〇一二年には国家戦略大臣表彰を授ける。

のがルイで、それは一九二六年吹き込みの「ホット・ファイブ」による曲「ヒービージービーズ」で、だったこと。

一九五〇年代に、ベニー・グッドマン楽団と同様、親善大使としてヨーロッパやアフリカの諸国を訪れたこと…。「一九四九年二月には、ルイはジャズマンとして初めて〝タイム〟誌の表紙を飾り、誌面には彼のカバーストーリーが掲載されるという栄誉に輝いた」ことも――。

彼は、タイム・ライフ社のもうひとつの雑誌「ライフ」の表紙にも登場している。VWビートルを、大型車市場であって小型車は売れないと信じられていた米国市場でベストセラーにした、有名な広告キャンペーンでも知られている、あのライフ誌に。その表紙を最近見た人は、案外、多いかも知れない。トヨタが東京・青海に展開しているプレイスポット「メガ・ウエブ」の二つの建物を結ぶ回廊に、時代を追ってライフの表紙が掲示されていたことがあって、その中の一枚にルイもあったからである。

ところが、そのルイの説明パネルに誤りを見つけた。そこでそのことを、同社広報責任者の金田(かなだ)新さん(現・NHK理事)に伝えたところ、ていねいなご返事を頂いて、恐縮したことをいま、ルイのことと一緒に思い出した。

そのルイは、ハロー・ドリーの大ヒットなどで過労が重なる。マエストロのライナー・ノーツをまた引用すると「一九七一年三月には、医師の忠告に従わず〝私を待っ

スキャット
ジャズ・ボーカルの唱法のひとつ。意味を持たない〝言葉〟を即興的に歌う歌い方。一九二六年二月二十六日、ルイ・アームストロングとホット5が曲「ヒービー・ジービーズ」を演奏中、「歌詞を忘れた…」(「あるいは歌詞を書いた譜面を取り落とした…」)ため？に、彼が即興で唄い出したのが始り…、と言われている。

ている聴衆のために〟とニューヨークのホテルのショーに二週間出演。しかし直後に心臓発作を起こし一カ月間集中治療室に入院した後、本人の希望で自宅静養に移り、一九七一年七月六日、ニューヨーク郊外、コロナの自宅で息を引き取った」。

その銅像が、ニュー・オーリンズのフレンチクォーターに接する「ルイ・アームストロング公園」に建っている。ちなみにここには、同様にジャズのソプラノ・サックス奏者、シドニー・ベシェーの胸像もある。

案内してくれたのは、旧造幣局を改造した「ザ・オールド・US・ミント(造幣所)」ルイジアナ州立博物館その二階の展示室には、伝説の白人トランペッター、ビックス・バイダーベックのコルネットも展示されているの元館長、外山ご夫妻、そしてリリ・ルガーデューさんだった。

そのリリさんはジャーナリストで、ニューヨーク・タイムズなどに寄稿しているかたわら、地元ニュー・オーリンズが輩出したジャズ創始者の一人バディー・ボールデンの生家の保存とか、クラリネット奏者だったジョージ・ルイスにまつわることなど、埋もれ、忘れ去られようとしている同国の文化遺産の保存運動に、女手ひとつで頑張っている。

ジャズの歴史百年に近いくるまの歴史の資料保存について、さてわが国は――、などと改めては書くまい。

二〇〇一・七

イギリス、ヘンシーン！

イギリス料理は不味い？　いや、いまやイタリアを学び直し、様変わりしている。そう言えば、飴ん棒を立てたような「セント・メアリー・アックス」も、テームズに突き出た片持ちの観覧車も、ガラス張りのロイド本社ビルもあの古都ロンドンに。いずれクルマも。

〝自動車先進国〟イギリス――の時代から眺めているイギリスだが、そのイギリスがここに来て変わり始めているように思われる。

自動車先進国で**スポーツ・カー王国だったのに**、街で見る限り「イギリス車、どこに行った！」と言いたくなるほど、逆に言えばくるまの国籍とりどりで、たまさか「ボグゾール」など見かけると、日本ではドイツから輸入されているオペル――共にGM系だから当り前の話だが――だったり…、といったことを言っているわけでは、とりあえず無い。

イギリス定住者や、いわゆる英国通から言わせると「そんなことは無い」と批評されるのがオチであるのを覚悟の上で、まず指摘出来そうなのが、〝不味い〟で定評のあるイギリス料理のことだ。

イギリス料理で美味いと言えば、ロンドンは「シンプソン」のロースト・ビーフ（とヨークシャー・プディング）。公約数的に思い浮かぶ代表がフィッシュ・アンド・チップス。

スポーツ・カー王国…

一九六〇年代前後までのイギリス自動車産業。

トライアンフ・スピットファイア、同TR―3、MG・ミゼット、MG―TC、同TD、MG―MGA、オースティン・ヒーレー三〇〇〇、同スプライト、ジャギュアEタイプ、007お馴じみのアストン・マーティン、ブリストル、A・C・コブラ、ロータス・エラン、モーガン、サンビーム・アルパイン、モーリス・ミニ・クーパー、リライアント・シミターetc（順不同）と並ぶ壮観、壮麗さである。

ところが前者は、狂牛病、口蹄疫でミソをつけられ、それでなくともわがローストビーフの名店「鎌倉山」あたりと比べるとどうかなどと言われる。後者についてももともとは美味の筈（はず）が、どこに行っても揚げている油に神経が行き届いていない。日本からだと道中片道二回はつき合わされる機内食においておや。

と、あっさり片づけたいところだ。だが、そのブリティッシュ・エアウェーズ（ＢＡ）の機内食がまず変わってきている。ドレッシングを吟味した瑞々しいサラダ、スパイスの的確なアントレ、甘味をおさえたデザート。字で書いても味と香りは伝わって来ないが。

どこに行っても伝統のパブではない小粋なカフェが出来て来て、旨いコーヒー、サンドイッチ、ケーキが揃っている。牛（ぎゅう）は人口飼料を廃し天然の牧草飼育に戻っているし、鴨などの野鳥、ラム・チョップもある。ブロイラーなど較ぶべくもない。そこに持って来て、伝統の美味なイングリッシュ・ブレックファストと来れば言うところは無い。「イタリアンの真似…」などと言う向きには言わせておけばいい。

実は内緒で、ひとつだけ言いたいのだが、以前は、どこでも、舌が火傷しそうに熱く香り高い紅茶の飲めたものが、思いなしかイチロー・シアトル発祥のコーヒー・ショップ・チェーンにとって替わられつつあるように思えること。そう言えば伝統のインド葉は、一部高級茶葉を除いて今や殆んどアフリカ産になっているという話もある。

このままだと〝乾いた〟美味いコーヒーいずこ、のフランスと並んでヨーロッパの楽しみが無くなってしまう。

それはさておき、もうひとつこれは…、というのが、もともと盛んだったアンティークが、これもここに来てさらにブームになって来ているのではないか——と言うことだ。

アンティークと言っても、庶民には手の届かない博物館級のいわゆる骨董とは——もちろんそれも入るが——いささかニュアンスが異なる。

あるいは、たとえばセラミックス(陶器)と言えばVアンドA(ビクトリア・アルバート美術館)のレベルDに行けば本物の見本・お手本・勉強材料がずらりと揃っているといったお国柄。アンティークが盛んなのは当り前——と言ってしまえばそれまでかも知れない。

しかし、ここで指摘したいのは、いささか別のことだ。

日本で言えば、先ず新品の市場がある。その新品は、消費者の手に渡って、次の新品が出ると〝見えざる手〟によって、その新品にとって代られ、産業廃棄物、ゴミとなって捨てられてしまう。

だから市場は、新品が一巡すると、市場は、言葉は悪いがすぐ糞詰まりを起こし国家経済は低迷に至る。その一方で、まだまだ使えるかつての〝新品〟がゴミの山を築き、廃棄物公害を狭い日本のあちこちで引き起こす。

これに対して、新品と廃棄物サイクルの中間に、新品とスクラップの中間の商品を扱う大きく奥行きのある市場が存在する。そこでは商品が、その使途と価格に見合った新しい消費者を見つける。その繰り返しが、新品が完全に商品生命を終えるまで、人々の、注意深く暖かい手によって続けられて行く——。

それが、イギリスのアンティークとアンティーク市場なのではないか、ということだ。このような市場の存在は、国内経済を下支えするにとどまらない。

人々の心を美しさに目覚めさせ物を大切にする心を養い、生活を豊かにし、歴史についての認識を深めて行く。

日本では——と、自分の国を悪しざまに言うことによって、自分を一段高いところに置く嫌味な奴が大勢いるので、こういう言い方いささか気が咎めるのだが——、十円で買った骨董が二十円で売れると、「やったー！」と言う、矮小な骨董趣味、骨董市場にとどまっている。

それが彼の地では「…我はわが家に秘した多くの財宝を眺めつつ自らを讃えよう」（ホラティウス＝詩人、紀元前六五〜同八年）という、豊かなことになる。

この言葉、実は「世間の奴は我を非難する。だが…」と前につく古代ローマの守銭奴の言葉なのだが、もちろんイギリス人（そしてイギリスのアンティークの市場に集まる世界の人々）を守銭奴になぞらえているので無いことは言うまでもない。

骨董、アンティークについての知識は、かつて自動車ディーラーに籍をおき、〝卒業後〟は『骨董倶楽部』を主宰している末続堯さんの受け売りだが、変わりつつあるイギリスは、規模を、底辺を拡大しつつあるアンティークの世界にとどまらない。

黒一色だったタクシー・キャブは今や色とりどりの広告つき。痛ましい事故を起したSSTコンコルドのリバイバルにも果敢に挑戦を開始した。

それでいて、さきのVアンドAのショップに、エリザベスII世の若き日の美しい肖像のハガキの隣りに、かつて同国政界をスキャンダルで揺るがせた**クリスティーヌ・キーラー**のセミ・ヌード（ルイス・モーレー）の絵ハガキをさりげなく並べるユーモアを忘れない。

このままで行くとわが国は、かつて××病と言い立てたイギリスから「日本病」とさり気ない一瞥をくらう。

二〇〇一・八

クリスティーヌ・キーラー（一九四二・二・二二〜）

売春婦。ヌードモデル。英ミドルセック州アクスブリッジ生れ。シート・バックを前に椅子に跨った写真家ルイス・モーレーの肖像写真は有名。

それ以上に、当時の仮想敵国ソ連のイワノフ武官と関係を持っていた同時期に、イギリス陸軍大臣ジョン・プロヒューモとも肉体関係を持ち、彼の機密漏洩が議会で問題となった「プロヒューモ事件」で有名。

そのモーレーのキーラー肖像写真の絵葉書と、一九四五年に撮影された現女王、エリザベス王女の肖像写真が、VアンドAの博物館のショップで隣り合って並べられ、売られている。

雪の降る国、降らぬ国

太平洋側の日本人は、気がつかない。日本海側、そして北国の日本人は、黙してひたすら耐えに耐えている。日本が実は、「雪の降る国」と「…降らぬ国」の二つの国から成っていることを。降積雪でクルマが使えなくなったら、人々の暮らしはどうなるのか。

「雪の降らない国」にいて、この季節、いつも「…どうしているか」と思い出す〝戦友〟が一人いる。「いま頃、豪雪で、商売の方も苦労はダブルだろうな」ないしは「今頃は、冷たい海から揚がった新鮮な蟹を肴に、旨い酒を熱カンでやっているかな」などと。

その彼とは、アメリカで日本車が苦労した**PL（製造物責任法）**の思想がそのまま直輸入され、日本で製造業者とユーザーの相互不信のタネにならぬようにすることを考え、シンポジウムを開催したこともあった。「〝寝てる子〟（ユーザーのこと）をわざわざ起こすな」という逆風を受けながら。

彼は、最近ユーザー対応でも最大の課題になっているCSの考え方を、くるま流通に持ち込んだパイオニアでもあった。

お互い立場は異なるが、新しい時代の要請の実現に、共に闘った。だから〝戦友〟だ。

そういえば、彼の地の冬には地域の人々の生活に必要な、道路中央にパイプを設置

PL（製造物責任）またはPL法
製造物（の欠陥）について製造業者が消費者に賠償責任を持つ制度。
洗った猫を電子レンジに入れて乾かそうとした主婦に、メーカーが責任追求されるなど、制度の極端な行きすぎが、アメリカで社会問題となる。日本車メーカーも制度の〝被害者〟になった例もある。

し水を噴き出して融雪する道路があって、雪国を強く印象づける。それが最近のテレビ番組で「過剰な道路投資」の例としてとりあげられていた。「雪の降らない国」から眺めた「雪の降る国」――。

日本はヨーロッパより緯度が南で、温帯に位置する国だが、冬になると、シベリアからの冷たい風と、日本海の海水が蒸発した温気の多い大気が背梁山脈にぶつかって、日本海側に大量の雪を降らせている。

だから、北海道、東北、北陸、山陰など、国土の約六〇%、二十三万平方キロメートルにあたる地域が「雪国」と呼ばれている。

この地域には、日本人の約二〇%に相当する二千八百万人が住み、経済では国内総生産の約一八%を占めている。

ちなみにここで言う「雪国」とは、昭和三十一（一九五六）年に公布された「積雪寒冷地域における道路交通の確保に関する特別措置法」によって、二月の積雪の深さの最大値の累計平均が五〇センチ以上、または一月の平均気温の累年平均が〇・七度C以下の地域を指している。

そして、このような自然条件は現在も、地球温暖化などとは言いながら往時と殆ど変わっていない。

だが、法律の出来た三十年代以降、所得倍増計画をはじめとした日本経済の発展で、人口は、雪の降る国から雪の降らない国へと大移動する過疎過密現象に見舞われている。経済規模も、日本経済全体のパイが大きく膨らんだことによって、相対的に、雪の降る国のパーセンテージは大きく後退を余儀なくされている。

言いかえると、日本は以前、もっともっと「雪国」だった。

その雪に関る安全性、快適性の向上（いわゆる克雪・利雪・親雪）を図り、地域の振興と国民生活の向上に資することを目的に、平成二（一九九〇）年に「雪センター」（社団法人・杉山好信理事長）が出来た。その十周年を記念して「雪国の視座」というレポートもまとめられている。

その理事長で同センターの設立に努力した杉山さんに良く聞いた言葉が、印象に残っている。

「日本は単一民族。価値観も文化も同一の一つの国と言われています。が、違うんです。雪の降る国と、雪の降らない国と。二つの国から成っているんです」。

杉山さんが、もうひとつ雪国について指摘していることがある。

「降雪は、日本だけの現象ではありません。北欧、ロシア、カナダ、高い山岳地方…。しかし、ひと口に雪と言っても、いろいろあるんです。

日本の中でも、北海道の雪と北陸地方の雪とでは全くちがう。前者はサラサラ。後者はべったり。その後者が、日本の降雪のひとつの大きな特徴なのです」という話だ。そしてそこでは、人びとの暮らしに、温暖な地域では考えられない様々な困難がある。

自動車交通も例外ではない。例外どころか、モータリゼーションの中で、自動車の無い生活は、雪の降る国においても考えられない。雪が積もって、道路が通行出来なくなったら、人びとの暮らしはどうなるのか――。

積雪した道路がある。例えばの話。そこに雪の降らない国から一台のくるまがやって来る。ドライバーは、降雪地でのくるま利用に必要な知識――こわさ――を知らない。で、チェーンを巻くのを不精して、立ち往生したとする。道路の路幅に余裕が無いと、その一台のために、「雪国」へのルートが一本機能しなくなる。そのルートが「雪国」の生活に必要な物資の供給ルートだったら。一つの集落への唯ひとつの道だったりしたら。

豪雪が、災害の対象と認められたのは、さきの雪寒法が出来てから四年後。世に言う**三八豪雪**の時だった。その二年後、湿ったドカ雪が日本海沿岸に記録的豪雪をもたらした有名な三八豪雪となる。鉄道にとどまらず、道路についても、本格的な降雪対

三八豪雪
昭和三十八(一九六三)年一～二月に、新潟縣、京都北部、岐阜縣山間部などを襲った豪雪。富山縣高岡で二百二十五センチの降雪、新潟縣長岡で積雪三百十～三百十八センチを記録し、この時期で二百二十八人が死亡している。

ITS
Intelligent Transport Systems(高度道路情報システムの)こと。人と道路と自動車の間で情報の受発信を行ない、道路交通が抱える事故や渋滞、環境対策など、様々な課題を解決するためのシステムとして考えられたもの。日本のＩＴＳの成功事例としてはＶＩＣＳ(道路交通情報通信システム)がある。

策が動き出す。

道路網の整備、除雪プログラムや降雪機械の開発。道路にヒート・パイプを埋設するロード・ヒーティングも、さきの消雪パイプ道路などもそのひとつだ。

スパイク・タイヤによる道路粉塵の大気汚染と、それを排除したことによるツルツル路面の発生なども、その中で発見出来た問題点だった。

そして時代は「克雪」の時代から「親雪」「利雪」へ、自動車交通では**ＩＴＳ**本格出番のステージへ――と移ってきているらしい。

が、雪が消えて無くなるわけではない。彼の地の友人の苦労も、続くだろう。

日本で**ＳＵＶ（スポーツ・ユーティリティ・ビークル）**が売れている。アメリカ市場のようにくるまの理想のパッケージの代表になりつつある、と言っていい。

アメリカ市場での人気は、良く分かる。

乗用車が〝小さく〟なってしまって、スーパーから一週間分の食糧を積んで来るにはスペースが無い。ステーション・ワゴンは、かねがね指摘されているように使いにくい。たまにはくるまで、家族皆とピクニックに出掛けたい。さはさりながら、ライトバンやトラックでは夢が無い…。

しかし日本のモータリゼーションのシーンでは、くるまにそんな必要は無いに近い。

だがＳＵＶは売れている。

ＳＵＶ

スポーツ・ユーティリティ・ビークル（Sport Utility Vehicle）のこと。厳密な定義は難しいが、本来はピックアップ派生のくるまで、オフロード走破性がありながらも街中でも使用できるものの呼称であった。最近ではこれに限らず、乗用車派生のものでもＳＵＶ風のスタイリングを採用したモデル（クロスオーバーＳＵＶ）も、このジャンルとされることが多い。（写真は日本のＳＵＶブームをけん引したハイラックスサーフ）。

日本のユーザーの、頭のすみの、どこかに、雪国の道の風景がセットされているからにちがいない。

二〇〇二・二

初の『邦訳フォード全著作』

――あのヘンリー・フォードは、実はジャーナリストでもあった。そして多くの著作、編集作業を残している。その彼の全著作を、米国赴任で「フォード・モデルA」に出合った一人の人物が翻訳している。大手出版社は例により、その刊行にそっぽを向いたが。

どのページを開いても、そこには、バブル崩壊を経て今日を生きるわが産業人たちの一人一人にとって、「これまで…」を考え「これから…」を見据える上での、大きく暖かい示唆がある。ちょうどキリスト者にとってのバイブルのように。

このほど刊行された『ヘンリー・フォード著作集』（上・下）がそれである。

同書は、単なる著作集ではない。

著者は、当たり前の話だがあの、〝二十世紀を車輪にのせた〟ヘンリー・フォードその人。その著作の邦訳としてはこれまでに、評論家竹村健一氏の『藁のハンドル』（一九九一年）がある。だが、全訳集は無かった。今や世界一の自動車王国日本なのに――。

こんど出たのは、ヘンリー・フォードの、文字通り全著作、彼が生前に公(おおやけ)に活字にした著作の総てを、初めて日本語に全訳したものなのである。

全訳したのは、わが自動車産業人…。と言いたいところだがそうではない。残念ながら。学者というわけでもない。その名前は豊士栄さん。

本名田中延幸（たなか・のぶゆき）氏。一九三六年生まれ。東京工業大学卒業後、三菱化成に入社。工場現場、本社企画などを経て海外勤務になり、一九八七〜九三年、同社米国子会社の会長を勤め、同時にセントルイス（ミズーリ州）日本人会会長でもあった。

その田中さんが、フォード一世の著作を全訳するに至ったきっかけは、一九八七（昭和六十二）年六月にテキサス州の片田舎ジャクソンビルの「まるで定規で線を引いたようなハイウェーでレンタカーを走らせていた」時に出会った「**フォード・モデルA**」にある。

ヘンリー・フォードは、まだ無名だった一九〇一年十月十日に、ミシガン州グロースポイントで行われたレースに自作のくるま「**スウィープステークス号**」を駆って出場し、一流レーサーのアレキサンダー・ウィンストンを破る。

それが彼の事業に外部から経済的支援を受けるきっかけとなって、一九〇三年六月十六日に「フォード・モーター・カンパニー」を設立する。資本金は十万ドル。彼の持株はその二〜五％だった。

そして「フォード・モデルA」の生産を開始し、同年、イギリスに二台のモデルA

フォード・モデルA
写真のモデルは一九三一年型。

スウィープステークス
宝くじ、勝者が賭け金を総ざらいする賭博のこと。それを、若きヘンリー・フォードが自分で出場するレーサーの名にしたのではないか…、と思われる。モデル名不詳。

の輸出に成功する。だが、田中さんが出会ったモデルAは、このモデルAではない。

初代モデルAで、いわば様々な製品化・企業化への経験を積み重ねたフォードは、一九〇八年十月一日に、あの不朽の「**モデルT**」(T型フォード)を完成し、その量産化を実現する…、といったサクセス・ストーリーは良く知られている。その生産が一九二〇年代後半まで、全くモデル・チェンジ無しで続けられ、そのことによって市場シェア一位の座をライバルGMのシボレーによって奪われてしまうことも…。

そしてそのシボレーに対抗するために、ようやくモデル・チェンジが行われ、新しいモデルが一九二七年十月二十日にライン・オフする。それが、田中さんの〝A型〟だ。

話を戻すと、アメリカに赴任間もない田中さんが走っていたテキサス州のハイウェーに、何やら一九三〇年代のギャング映画に出て来そうなアンティークな車ばかりが並べられているショップがあった。

日本のサラリーマンの三大レジャー(お遊びというか)の麻雀・カラオケ・ゴルフに積極的関心の持てなかった田中さんはその時、「ああ、これだ」と思った。

そして、くだんのショップに近づいて行くと、そこに並んでいたのが、年式とメーカー名が紙きれに書かれていた「一九三一年のフォード・モデルA」。

そのモデルAを所有し、レストア(出来るだけオリジナルな形に復元する)の楽しみを知り、その愛好者たちの組織「モデルA・フォード・クラブ・オブ・アメリカ」(MAFCA)

T型フォード

フォードは一九〇三年A型から始まり一九〇八年にはT型が大ヒット、その後二十年間作り続けられた。まだ自動車の規格が確立される前で足元のペダルも他車とは異なり戦前の日本には「T型フォード」限定免許も有ったとか。

全米二万人の会員の一人になる。

田中さんの「豊士栄」は、そう、フォードAのことだ。

やがて田中さんに帰国の日が来る。

フォードAに、そしてMAFCAに思い絶ちがたい田中さんは、同クラブの日本支部開設を発意する。そして一九九三年一月にMAFCAのゴールデン・シールが押印された日本支部設立許可証が出て、正式に「モデルA・フォード・クラブ・オブ・ジャパン」が発足する。

実はここまでは前書き——。

二〇〇三年は、ヘンリー・フォードがミシガン州の田舎町ディアボーンでフォード・モーター・カンパニーを創業してから百周年になる。そのフォードの著作は、当時世界十五カ国の言葉に訳されていて、とりわけイギリス、ドイツ、フランスなどではベストセラーになっている。

トヨタ生産方式を考えた、世界に高名な大野耐一さんも、その基本になる考え方はヘンリー・フォードの考え方そのものであり、彼の著書「今日そして明日」の中に示されている思想を常に参考にした——と述べている。

ところがその日本語訳は、さきの竹村さんの一冊のほか大正末期頃に一部出されているらしいことを除くと見当たらず、もちろん全訳は全く存在しない。
「それならば…」その日本語による全訳をＭＡＦＣＡの、そしてＭＡＦＣＪの記念事業の一つにしよう、完成したらヘンリー・フォード・ミュージアムに寄贈しよう…。それが動機で出来たのが、ヘンリー・フォード全著作集というわけだ。
その著作は、
「私の人生と事業」（一九二二年）
「今日そして明日」（一九二六年）
「前進」（一九三一年）
「私の知るエジソン」（一九三〇年）
「私の産業哲学」（一九二九年）
から成っている。
さらに彼が一九一九年に買収したディアボーン・インディペンデント新聞に連載していたコラム時評「フォード氏のページ」（一九二二年）の抜すい九八編、後のフォード社中興の祖となった彼の孫ヘンリー・フォード二世講演集も収録されている。
とにかく全訳刊行が、フォード社百周年に間に合って良かった。その出版に日本のＡ新聞出版局、Ｉ書店など大手は、軒並みきわめて冷淡だったが――。
二〇〇二・七

伊東屋一〇〇年

全世界を見わたしても、きわめてユニークな文具店「伊東屋」。文房具屋と、クルマと何の関係が…、と言われるとそれまでだが、その百年の歴史には、くるまづくりにも指標となり得る何かがある。

この辺りのことは、忘れ難い。だから、いつかどこかで書いているかもしれない。

ことし一〇〇年を迎えた東京・日比谷公園に、お濠り端の日比谷交差点寄りの門から入ってすぐの第一池とずっと通り奥の第二池というのがあって、その頃はその第二池に、鶴の噴水があった。

同様にその頃、銀座三丁目に、表通りに面して地下二階、地上八階の鉄筋コンクリート造り、絢爛華麗な**ネオ・ルネッサンス様式**のビルがあって、その一階正面に、上方がアーチ状の飾り窓でデザインされている大きなショーウインドーがあった。

そのウインドーに、小学生だったうちの長兄が写生した、さきの鶴の噴水の絵がコンクールか何かで優勝し、大きく展示されたことがあった。

支那事変は始っていたがもちろん、大東亜戦争以前の話である。その頃のこととて、銀座、木挽町(現銀座)、新富町、築地、八丁堀といった界隈の子供を持つ家は、誰彼

ネオ・ルネッサンス様式
ルネッサンス・リバイバル建築とも呼ばれている建築様式。十九世紀前半からヨーロッパで始り、日本でもモダンな建築デザインとして人気があった。外観的特徴は、並んだ外壁窓の上方部分をアーチ状に飾っているなどしているところか。

となしに、銀ブラがてら見物に行った筈である。

ところが、そのショーウインドーに、こんどは筆者の画いた絵が飾られたのである。すでに、第二次大戦は開戦していた。ニュースで聞く限り日本軍が連戦連勝していた、しかし、先行き敗色の見え始めた昭和十七〜十八年頃だったかも知れない。

その頃も変わらぬ絢爛たるショーウインドーに掲示展示されたのは正確に言えば図画ではなくてポスター。新聞連載で人気者だった横山隆一の「フクちゃん」が〝欲しがりません　勝つまでは〟と手を挙げている。そんなモチーフだったから。

なぜ、その図画がえらばれたのかはわからない。ある日、担任の縣(あがた)先生に職員室に呼ばれ、別室で大きな画用紙に画かされた記憶がある。通っていた小学校が、そのショーウインドーを持つ店に、同じ銀座にある泰明小学校より距離が近い、いわば隣組の誼みからだったかも知れない。その店が児童教育に熱心だったこともあるだろう。

その名は、現在は廃校になり、お隣りの小学校と合併されている京橋小学校。存続していればことし創立九十五周年。先日、記念の同窓会が開かれたものの、同窓会の方はこれで〝打ち止め〟になるらしい。だから、腰の曲りかけた昔の小学生たちが大勢集まった。

心すなおに教えを守り／わざを励めや怠るな／日本一のこどもになれと／あけくれ

導く師のきみの／みことばいかで忘るべき
（作詞・笠野豊美　作曲・吉丸一昌）

そんな校歌を斉唱すると、あの頃校庭に満ちていた黄色い声のざわめきが蘇る。

さて本題。

その忘れ得ぬショーウインドーの、ネオ・ルネッサンス様式のビルこそ、日比谷公園と奇しくも同じ、ことし創業一〇〇年を迎えた文房具店、文房具に関心のある人々なら誰でも知っている、あの「伊東屋」だったのだ。


創業者伊藤勝太郎。明治八年十二月二日、洋服商勝次郎、なおの長男として東京府東京市京橋区竹川町（現銀座七丁目）に誕生。泰明小学校明治十九年卒業。

明治三十七年六月十六日、三丁目に間口三間（約九メートル）の店舗「和漢洋文具専門店　伊東屋」を創業…、というのが、伊東屋一〇〇年のスタートだ。

それ以降、日露、第一次大戦、第二次大戦など日本の近代史の中で紆余曲折を経て今日に至る、今日の二丁目本店に至る。その歩みは、「銀座伊東屋百年史」に詳しい。ついでに同百年史は、銀座の、そして明治・大正・昭和・平成にまたがる百年史でもある。

その中でのハイライトは、やはり、銀座三丁目の、あのショーウインドーのあった伊東屋ビル時代ではなかったか。

設計は、一九三四年竣工の丸の内明治生命館設計者と同じ早大教授岡田信一郎。地上八階地下二階の総坪数は千五百坪。一九二九(昭和四)年一月地鎮祭、三〇年五月三十一日竣工。六月一日オープン。

銀座通りが殆ど二階建て、六丁目松坂屋七階、四丁目三越六階、二丁目大倉組と四丁目三和銀行五階といった中で、教文館、松屋と並ぶ八階建て。

地下一階の喫茶室に千疋屋フルーツパーラー、七階にあぐり婦人美容室と熊谷辰男フォトスタジオがあった以外は、八階の事務室を除いてぎっしりと文房具、カメラやレコード、スポーツ用品など〝詰まって〟いた、その頃の少年少女たちにとっては文字通りのワンダーランドだった。

各階を結ぶ階段(エレベーターももちろんあった)の踊り場のコーナーにも小さいショーウインドーがあって、そこに飾ってあった雑誌「小学一年生」(小学館)の四月号は…、といった話を書き出すとキリが無い。ちなみにあぐり美容室はその後丸ビルに移る。作家吉行淳之介の母の経営。

しかしそのワンダーランドから、見る間に品数が少くなり、代用の用に足らない代用品に代わり、それも無くなり、米空軍の爆撃で、松屋と並んで焼けて廃墟のようになってしまう。

その伊東屋が、三丁目ではなくて今日の二丁目に移らざるを得なくなったのは、敗戦直後、悪質不動産屋とか不法占拠者によって、経営に追打ち的打撃を受けたためだった。が、創業者の決断、二代目父子の意地とこだわりで、文房具専門店としての伊東屋が再スタート。建物こそ三丁目時代にくらべると小さくなっているが、その品揃えと相まって、業容は往時に勝るとも劣らない姿に復活している。

随筆「パイプのけむり」の團伊玖磨さんによれば、一歩入ると全部買い占めたくなる文房具店の魅力が、そこにある。銀座に用事のある時に生じた半端な時間に立ち寄ると、恐らく同じ目的を持った同業の誰かと出会うことも良くある。

その百年の歴史を見ると、今日の同業他社をしのぐ繁栄は、文房具へのこだわりはもちろん、創業者勝太郎いらい経営者が持ち続けて来た物事を眺める謙虚な目――好奇心と言ってもいい――と、その好奇心を満たすため積極的に洋行し、学び続けるなどしたところにあるように思われる。こういう店にはこれからの一〇〇年も頑張って欲しい。

二〇〇四・十二

ザ・ホテル

「…あの人が」「…あの人か」という高名な自動車業界人の夢が、〝理想のホテル〟創造だった。彼は、ホテル経営者になった方が、本当の意味で成功者になったかも知れない。その「ホテル」は訪日外国人にとっての最初に出会う日本の顔でもある。

ご本人、そのように言ったかどうかわからない。がしかし、そのことだけで電話したりアポイントをとって確認しに行ったりするのも、いささかどうかと思う。だからここでは実名を控えるが、さる大手の老舗輸入車ディーラーで、良いものだけを世界から輸入している商社でもあるところの会長さんが、ある時、しみじみと呟いたことがある。

「…理想のホテルをつくってみたかった」と。

必ずしもそのご当人がそう考えたかどうかは別にして、「ホテルをつくりたい…」という考え方はわからないでもない。

様々な人が、世界中から集まって来る。その人たちをベストにもてなす――今様（いまよう）に表現すれば顧客満足度一〇〇%――システムをつくり上げる。

そのためには立地も大切、その立地から〝切り取〟られることになる「景観」も重要。

建て物、容れものの外観は言うに及ばず、玄関の構え、入ったフロント、パブリック・スペース、客室のデザイン、色彩レイアウト、使われているマテリアルまで、吟味し、さらに最高の雰囲気が演出されるよう、証明と照明器具、ファニチャーも選び抜かれなければならない。

それも、一人の客が満足すればいい、と言うわけには行かない。人種、宗教、生活体験、人生観、家族と様々に異なる、AさんにもBさんにも。それこそ全世界から訪れる万人に、ベストの満足をもたらすようにしなければならない。

だが、大げさに言うと、ここまで完璧に出来たとしても、それはホテル・システムのやっと一〇%ぐらい―パーセンテージについては様々に議論があるだろうが―をカバーしたにすぎない。

というのは、このようなホテル・システムのいわば条件を、生かすも殺すも、ひとえに顧客、宿泊客を迎える「人」にかかるところきわめて大であるからだ。

その「人」も、様々だ。

まず、入り口で顧客を迎えるドア・ボーイ。思わずこちらが最敬礼したくなってしまうような、威厳に満ち、風采人骨、服装に至るまで堂々としているのは、ロンドンはマーブル・アーチ辺りの老舗ホテルのイメージか。

順に行くと、次は荷物をうけとって運んでくれるポーター、ページ・ボーイそして、初めて用件らしい用件（宿泊したい、部屋はあるか、いくら？など）を喋ることになるフロント、あるいはフロント・マン。

この辺りで、いくらつくりは豪華絢爛だろうが、駄目ホテルはダメとなり、場合によってはホテルのオーナー、経営者、背景にある企業グループのイメージまでいっきょにダメになる。

ところでフロントにはこのほか、あと二つの役割の「人」がいる。

大きなホテルなら大ていはいる**コンシェルジュ**（ェ）がまずその一つ。机は、あるいはフロントと別のところに構えていることもある。

その役目は、何でも屋さんとでも言えばいいだろうか。

その街のこと——だから劇場、レストランの予約から案内に至るまでのことはもちろん——、当該ホテルの案内、簡単なビジネス・コンサルタントから、ことによったら人生相談まで引き受けてくれるかも知れない。

それはいささかオーバーだが、ことほど左様に、困ったら、聞きたいことがあったら…。まずコンシェルジェ。直訳すれば「門衛」にすぎないが——。

もうひとつは会計。両替とか切手を買うとか、お金の方のお役目だが、ホテルをチ

コンシェルジュ
一口に言えば、ホテルのフロントの宿泊客向け〝何でも相談〟係。本来は門衛、管理人、接客係の意。

ェック・アウトする時に、一度は必ず——裏口からトンズラしない限り——通過しなければならない。だから、その印象もホテルの評価をあとあとまで左右することになりかねない。その事務処理の良い意味での要領の良さ、迅速さに至るまで。

さて、交渉成立し、部屋に通されることになる。部屋まで荷物を持って案内してくれるポーターの、いわばにじみ出るパーソナリティなども無視できないが、たまたま廊下ですれちがうハウス・メードの服装や態度、あいさつの一言、これも中々、見逃せない。

次。部屋で一人になる(二人になっても三人以上でも別に差し支えのないことは言うまでもない。ご勝手に)。その次、ひと昔前なら電話の交換手。現在はさすがに自動的に用件の向きのある先が直接出て来る。その〝用件〟の最大が飲食だ。バー、レストラン。とりわけレストラン。雰囲気、ギャルソン、シェフ、ソムリエ…。吟味しつつ書き出したらキリがない。が、そんな宿泊客でホテル・レストランで食事を…、というううるさい手合いを、ベストに満足させなければならない。

言いかえると、ホテルに集まって来る「人」も様々だが、それを迎え撃つ「人々」も、統制がとれ、抑制がきき、さらに何かアルファがプラスされるようなシンフォニー・オーケストラのようなシステムが構築されていなければならない。

商社、自動車ディーラーも総合接客業のひとつだが、ホテルはその比ではない。しかもその経営者は顧客を相手にしなければならないのはもちろん、その顧客に対応するホテル側の「人」にも気と心を配らなければ、オーケストラは良い音を響かせることは出来ないわけである。

もうひとつ、書いて良いことかどうか大いに問題になるかも知れないが…やはり〝華〟(はな)のある人でないと、こういう商売はダメじゃありませんか。

だから、クラシック愛好家が、一度は交響楽団の指揮台に立って自分のイメージのサウンド、音楽を〝振って〟みたいのと同様に、「ホテルを…」という夢は、経営者にとってことによったら最高の夢なのかも知れない。

が、その反面、「ホテルを…」というのがわからない、気が知れない、考えたこともない、と言うトップ、企業家も少なからずいるものと思われる。縷々(るる)書き連ねて来た、「ホテルを…」目指す人、創業したいと考える人にとって文字通り生き甲斐となるべきホテルの仕事、ホテル・システムの成立の条件の総てを、「…お客だけにとどまらず、従業員の箸の上げ下げまでいちいち気にしてなんかいられるか」宿泊して楽しかるべきホテルにおいて——、というわけだ。

さて貴方は、ホテルを経営したい方？　したくない方？

二〇〇二・十

先人に学ぶ

米国の首府ワシントンＤＣの、国会議事堂（キャピタル）から、西方向ポトマック川畔にあるリンカーン記念堂まで、グリーン・ベルトがある。その中間地点に立つワシントン記念塔の北が、ホワイト・ハウス。その幅広いグリーン・ベルトの両側に、**スミソニアン協会**の運営する様々な博物館群が軒を連ねている。

その、キャピタルから見て一番手前の左側、ナショナル・ギャラリー・オブ・アート（国立美術館）の向かいに、あのスミソニアン航空宇宙博物館（ＮＡＳＭ）がある。

自動車の話なら、ミシガン州ディアボーンのヘンリー・フォード博物館ということになるが、ここは、日本の自動車産業関係者など多くの人が訪れているし、案内は当摩自動車ライブラリーの当摩節夫さんあたりにまかせた方がよさそうだ。そこで話は、スミソニアンの方。

ちなみにそのＮＡＳＭには、航空機にもこだわりを見せたヘンリー・フォードのフォード社が一九二六年六月十一日の初飛行以来一九三三年まで約二百機を生産した三

スミソニアン協会
世界で最大規模の博物館複合体。その展示品コレクションは一億四千二百万点以上といわれ、毎年全世界から五千万人以上の見学客が訪れている。
イギリス人科学者ジェイムズ・スミスソンの遺産によって一八四六年設立され、十五の博物館・美術館が活動している。また傘下にＪ・Ｆ・ケネディーセンター、ナショナル・ギャラリーの他各種研究機関も持っている。

発エンジンの旅客機「トライモーター」機も展示されている。

が、ここで紹介したいのはそのＮＡＳＭ本体(本館)の方ではない。

二〇〇三年、あのライト兄弟がノース・カロライナ州の海風の強いキルデヴィル・ヒルで人類初の動力飛行に成功してちょうど百年目に訪れたＮＡＳＭの、ワシントン・ダレス空港近くに建設中だった新館「スティーヴン・アドバー＝ハイジー・センター」、通称ダレス・センターで同年八月十八日、復元後初めて報道陣に公開された爆撃機「ボーイングB―29 エノラ・ゲイ」の話。そして同じくＮＡＳＭの展示をバック・アップしている通称ガーバー施設、正式名称「ポール・E・ガーバー・プリザベーション(維持)・リストレイション(復元)・アンド・ストーレイジ(保管)・ファシリティーズ」のことだ。その時案内してくれたのはＮＡＳＭのジョン・デイリー館長。それに、ボランティアで働く空軍退役軍人のR・スタイガーさんとF・コナリーさん。

まず「B―29」について。

同機はいまや人類の歴史の大きな遺産と言っていい。一九四五年八月六日、広島に人類初の原子爆弾を投下したあのB―29だ。ちなみにエノラ・ゲイとは、その時の機長ポール・ティベッツの母親の名前だ。

同機はその二年前、一九四三年に、原爆を搭載するため、最後尾の銃座を残して全ての火器類を取り外す改造を、極秘裏のうちに実施し、一九四五年八月六日には「歴史の中に飛行していく」（Ｆｌｅｗｉｎｔｏｈｉｓｔｏｒｙ）（同博物館の展示説明文から）。

正式モデル名は「Ｂ―29―45／ＭＯ」。製造番号４４―８６９２。

そしてスミソニアンに引渡されたのは一九四九年七月四日の独立記念日。戦後、それまで放置されていたアリゾナ州デイヴィスモンサン空軍基地からイリノイ州パークリッジにとりあえず移送され、一九五三年十二月二日にアンドリュース空軍基地に近い先のガーバー・ファシリティーズに〝最後のフライト〟をする。

だが、レストアが本格開始されたのはずっと後。一九八四年十二月。その時修復には七～八年かかるといわれていたが、展示できる見通しのついたのはその十年後。第二次大戦後五八年。もしかしたらアリゾナの砂漠に朽ち果てていたかもしれない同機を、再び歴史の証人として文字通り生き返らせたのだ。これが、日本だったら…。

空襲世代に育った一人として、「良くぞ残してくれた」と、感無量のほか無い。が、日本のマスコミに伝えられたのは、様々の批判の声だ。何故今の時期に。「怪しからん…」。だが…。

関連してもうひとつ話がある。

原子爆弾は、八月六日の「リトル・ボーイ」に続いて、「ファットマン」が八月九日、長崎に落とされている。

投下したのは同じく「Ｂ―29」。ニック・ネームは「ボックスカー」機体番号77。

この機体、一九六一年九月二六日からオハイオ州デイトンのライト・パターソン空軍基地に隣接している「米国空軍博物館」に展示されている。ここには、一九四三年四月十八日に東京を初空襲した爆撃機「ノースアメリカンB―25／Bミッチェル」の実物が、パイロットの彩色されたマネキンも使った出撃前夜のリアルなシーンの再現と共に展示されている。

エノラ・ゲイに対するのと同じ理屈なら、もっと「怪しからん…」話になる。がこちらについては、そんな動きは日本に無い。

余談だがここには、隣接して「ホール・オブ・フェーム」（航空殿堂）もある。

闇物資を隠匿しながら本土決戦を叫んでいた日本の軍部を尻目に、抵抗の術《すべ》の無い超高空から焼夷弾の雨を降らせ、約二時間で十万人の非戦闘員の生命を、女子どもえらばずに奪った、あの昭和二十年三月十日午前零時七分から始った夜間空襲。それを立案・指揮したカーチス・ルメイもここに顕彰されている。

が、同時に、わが敬愛する「モタさん」こと故人・齋藤茂太博士が、ＰＡＮ―ＡＭ（パンアメリカン航空）のジャンボ（Ｂ―７４７）就航記念飛行でハワイに行き、たった三時間の現地滞在の中で、その記念碑に抱きついてきた民間の女流飛行家**アメリア・イアハート**も、その名を連ねている。〝空軍〟博物館にもかかわらず。

どこかの国の、薄っぺらな紙切れ一枚でこと足れりとしている顕彰とは大違い――。

アメリア・イアハート
米国人女流飛行家。一九三二年に女性として初の大西洋横断無着陸単独飛行を、同年また女性として初のアメリカ大陸横断無着陸単独飛行も成し遂げた。
さらに彼女は、自分の知名度も活用し民間飛行と女性の権利推進に努力した。

話はそれたが、ここでもう一つ報告したいことがあった。

先にも書いたガーバー施設がそれだ。NASMのコレクションに貢献したP・ガーバーを記念してその名を冠したもので、一般公開はしていない。

ここに、第二次大戦時の日本軍の、空での〝頑張り〟を物語る遺品が、完全空調の保管施設の中の、内部に、引き出しの沢山ついた白木のたんす風格納ケースがセットされているスチール・ロッカーの中で、大切に分類保管されているのである。

その中には、結局参戦が間にあわなかったロケット戦闘機「秋水」のパイロット用に開発されたという、ボンベから酸素を送る仕組みのゴム製ヘルメット「与圧面」とか、ニクローム線を縫い付けた飛行服、内側に保温用の兎の毛皮を張った飛行帽などもある。

何れも昭和十九〜二十年にかけ、高度一万二〇〇〇メートルもの高度で進入してくる敵機を迎撃するため、B—29のような完全空調の与圧室を持たない戦闘機で高空に駆け上がっていった我がパイロット達が身につけていた軍装だ。

それでもせいぜい七〜八〇〇〇メートルに達するのが精一杯だったという報告もある。戦争の愚かさ、悲惨さを物語って余りある。彼らの心情は、涙なくして語れないが恐らく日本だったら、カビだらけにして、「捨てる技術」が囃される中で一片の「燃えるゴミ」として捨てられるのがオチではないか。

「自動車」に関連して、こんな歴史の証人になりうる施設、博物館を作ろうという話が、「世界一の自動車生産国日本」で、無かった訳では無い。昭和五七年十一月に、社団法人・自動車工業振興会がまとめた「自動車産業博物館(仮称)構想計画案」である。同計画案によると、その立地条件によって三つのプランが提案されている。

「都市型(A)案」「都市型(B)案」「郊外型案」の三つである。

「都市型(A)案によると、立地はビジネス・センターに出来るだけ近くで、取得可能な敷地と必要な床面積の関係から、超高層ビルとなる。ついでに自動車関係団体の中枢もここに集中させることが出来るが、各種試走路の設置は不可能だから、シミュレイターなどでこの面をカバーする、としている。

都市型(B)案は、都心からやや離れた地点(約十キロ)の立地とする。このことでA案の欠点をカバー出来るが、その性格は、各種文化・スポーツ施設と合わせたその地域ブロックの中核といったものになるだろうとしている。

郊外型は、都心から一五〇キロで、日帰り可能(場合により一泊)の地点。そのアクセスは、新幹線と高速道路の二つのルートになろう、としている。

以上にはさらに、その立地候補地としてそれぞれ東京都中央区佃島の石川島播磨重工跡地、船の科学館が現在あるお台場の十三号埋立地、そしてもうひとつは群馬県利根郡の上毛高原(国道17号線)などが、東京都港湾局、住宅・都市整備公団、三井不動産、群馬県新治村などからの助言や、関係資料提供で検討されていた——、といわれている。

同振興会によると、構想の検討は昭和五十一年に発足した「自動車博物館調査委員会」によって始められている。また自動車メーカーや部品の保有状況調査(昭和四十二年以前のもの)、国内博物館関係者からの意見聴取なども行われたといわれている。完成までのタイムテーブルも、一応残されている。

だが結論から言うと、「業界挙げて…」のこのプランは幻(まぼろし)に終わっている。業界内の諸般の事情、資金計画、展示物の収集、運営の方法など、コンセンサス形成に困難な条件があったことは充分にうなづける。伝えられるところでは、自動車メーカー各社は、重要な設計図など永久保存に近い形で秘蔵しているらしい。自社の歴代代表的モデルも一応保管し、本社ロビーに陳列したり、記念ホールに収容したりしているのも事実だ。だが、外部に開かれた形で、となると、さてどうか。

結果としては、独自の、そして自力による「トヨタ博物館」が、単なるクラシック・カーを集めただけではない博物館機能を有した博物館として、今日の日本に残されるのみ…、となった。トヨタ自動車、トヨタ・グループの英断、実行力、見識に、敬意を表する。

だが、少なくとも東京には――。世界的建築家丹下健三設計の体育館を、都民の税金で別の体育館に建て直しオリンピック招致で名を残そうという知事はいるが、それよりはるかに社会に大きな役割を果たす「自動車博物館」は、ない。

「戦後五十有余年、戦禍の灰燼の中から立ち上がった日本の自動車工業は、ついに世界のトップに到達することになった。その自動車工業は、その過程で多くの技術を創り出した。その創り出された技術の数々、その技術を創り出すのに功有った人びとの話を、次の世代の人びとに伝達できるような形で残していこう」という目的の、技術遺産の掘り起こし作業があった。

ワーキング・グループの名称は「自動車技術史委員会」。

発足したのは平成六年八月。平成十三年三月に、七年にわたる活動を一応終えている。この間委員長も金原俊郎、鈴木元雄、澤田勉、加藤伸一の各氏と四代にわたる。

話はさかのぼるが、順を追って書くと、平成三年、通産省(当時)の事務次官が主催して「産業技術と歴史を語る懇談会」というのが発足した。

「人類の歴史は技術の歴史であり、多くの人びとの努力の積み重ねの歴史でもある。その中で地球環境問題、エネルギー資源問題など人類にとって大きな転換期が到来しつつある。そこで…」というのが同懇談会の目的で、これは、自動車産業に限ったことではなく、全産業に横断的な懇談会だった。

にもかかわらず、国民、とりわけ次代を担う青少年は、現在の科学や技術を、「最初からあったもの」、あるいは「与えられていたもの」と見做し勝ちで、歴史への認識やとくに科学技術への関心は低く、技術系の人材の不足、科学技術と市民とのかい離も懸念されていた。

このことは、通産省にとどまらず文部省（現・文部科学省）も同様に危機意識を持っていた。幅広い意味での科学博物館活動を足場に、先人達の技術的文化遺産を次世代に伝承していくことが大切ではないかと考えていたわけだ。

言い換えると。感受性、ロマン、情熱、努力の心を持った先人達が挑戦してきた歴史を伝え、創造への新しい意欲を掻き立てる――。二十一世紀への挑戦でもある。

翻って考えると、自動車産業も同じ状況下にある。

だが。

自動車産業は、世界の産業史上稀に見る発展と規模の拡大の中で、企業レベルで言えば必然的に行われる社内組織の変更や人事異動が、どちらかと言えば多くの場合「技術の伝承を疎外し、先人の成果を過去の中に葬り去る」方向で、ベクトルが働く。

その中で、かって創造されヒットした名車などが。保管スペースの無いことや、保管に費用がかかるといった理由で、どんどん廃棄処分されていってしまう。

そうした危機意識の中で発足したのが、先の委員会（事務局＝自動車技術会）だった。具体的な作業に当たったのは「故実蒐集分科会」。そして「…お金に直接結びつかない仕事に対する、職場からの有形無形のプレッシャー」に耐えながら各メーカーから参加している担当者の、〝忍の一字〟の作業により、「何もしなかったら、何も残らなかった」中から二千二百件に及ぶ「開発技術」の故実を記録に残すことになる。

このうち百四十八件は、国からの要請で国立科学博物館に納入されるなどしている。同時に、豊田英二氏など六十三氏からヒアリングした、技術開発の周辺の秘話は、一冊の報告書にまとめられ、これも全国の図書館に配架されている。

こうした動きやエピソードに比べると「それは何だ…」といわれそうだが、「自動車史研究会」というささやかな勉強会兼情報交換会が会合を続けている。自動車と自動車産業、その周辺について、少しでも時を遡った関心を持つ人がいたら、是非手を上げて参加して欲しい研究会だ。

その前身、というと大袈裟だが、そもそもの発端は、先の自動車工業振興会の資料室(現・自動車図書館、東京・港区)にあった。またスタートした頃には、その名称を「自動車史学会」にしよう、と検討されたこともある。

守備範囲をくるまに限らない同じような目的の学者の集まりが「学会」を名乗っていて、しかし一向に活動していないので、それなら「当方も学会を名乗って良いのではないか」というわけだった。が、そんなユーモアは、マジメな会員諸先生には通じなくて、大真面目に「研究会くらいでいいのではないか」となった。

「自動車史と史・資料に関係者が無関心なら、我々が…」、と始まったグループ活動だが、目指すところは大きい。

この世界、この分野に、神話的な資料が、ハード・カバーで存在している。「日本自動車工業史(稿)」全三冊だ。東京・神田の古書店街でも、いまや天文学的? 高値を呼んでいる。

〝自動車史〟の出版物は、少数だがそれまでにもあることはあった。だが、個人的な記憶や、全体から眺めるとごく局所的体験を普遍化しているので、見当違いや史実に反すること、必然性の無い記述記載が極めて多い。それに較べると「…史(稿)」の方は唯一の正統派で、バイブルに近い存在だった。あちこちの文献にも引用されている。

が、これも吟味して検証すると、あちこちにおかしな記載が発見されている。先の研究会のメンバーによる検証作業によって。

そして、その史稿を、全面的に検証し、書き直して、歴史に残そうというのが「研究会」の究極目標のひとつになっている。

主な会員のプロフィルを紹介すると。

先ず齊藤俊彦さんが居る。元ＮＨＫ。番組で乗り物の出てくる全てのシーンに時代考証を行ってきた。ＮＨＫ〝卒業〟後博士号を取得していて、日本自動車史でいくつかの発見もしている。

今やこの世界で知る人ぞ知る、国宝的存在の**佐々木烈**さんもメンバーのひとり。外国車の技術をライセンス導入して、自動車国産化に頑張った多くの技術者の中の根本直樹さんもいる。

中島一成氏という隠れた研究者も会員に居る。出身は「活動写真」の世界。映画関係の技術畑というべきか。だから、記録とその方法論に詳しい。自動車史の面では、「自動車」と名のつく文字どうり全てを集めている。実物のくるまは、日本のスペース事情で流石にないが。先ずカタログ。切手。コイン。そして絵葉書など。

集めるだけではない。そこから史実を類推していく。想像を絶する「発見…」もあるし、知る人ぞ知る、海外にもその筋では著名人だ。

後輩達の研究のための「インフラ」（土台）部分を残すため、関係者のヒアリングを

佐々木　烈（一九二九年〜）
自動車史研究家。長年、自動車史研究に携わり、日本の自動車産業草創期を丹念に追い、知られざる真実を考証し続けている。特に、明治二十八年から昭和三年までの自動車産業に関する新聞記事、広告、写真などを地道な調査と研究で蒐集し、一三〇〇点以上を収録して編纂した『日本自動車史　写真・史料集』は、今後の日本自動車史研究にはなくてはならない大作である。

続けている四宮正親先生（関東学院大学経済学部教授）とか、現在は健康上の理由で休会中だが自動車メーカー出身で、完璧なカタログ・ライブラリーを独力で作り上げている当摩節夫氏もメンバーにいる。

同じく自動車メーカー出身で、技術評論で多くの業績を残した故人・影山夙さんもメンバーだった。

同研究会の永続と発展を期待するところ切なるものがある。

いろいろ考えてみると、矢張り「古いことが好き…」「古いことは大切に」といったところの辺りで思考がうろうろしていることに気づく。

早い話、骨董、アンティークにも、惹かれるところが有る。が、そういうことではない。自分で自分をシニア、年寄りと考える連中が「昔は良かった…」（今の若い者は…、と続くのだが）と、若い世代に説教口調で言う昔とか古いこと、では、もちろんない。

「その時どうだったか、それが歴史の必然性の中でどうなって行ったかを考えることに関心が赴く――、ということかも知れない。がそれでもまだ、言い方が硬いかもしれない。

早速古い話だが、尋常小学校に入学するまでは、比較的に恵まれた環境の中で毎日を送っていた。その頃の〝旧き佳き時代〟の記憶は、この歳？になってもなお鮮明だ。色褪せてはいない。

戦前（大東亜戦争。第二次世界大戦）の「昭和」を見ても、日本は暗かったという感じではなかった。二・二六事件（昭和十一年）あたりが悪くなる境目だという見方が有る。が、昭和十五年、紀元二千六百年の記念式典で全国が盛り上がった頃は、一方で大政翼賛会などが発足しているものの、それでも開戦直前まではアメリカ映画も上映されていたし、東京浅草の六区は、人であふれかえっていた。黒塗りのシボレー、フォード、パッカードなど、芳香族炭化水素の〝いいにおい〟を撒き散らしながら走っていた。

だがやがて小学校は国民学校になり、あこがれの西洋は「鬼畜米英」になる。空襲を避け、少国民を守るという名目の学童疎開が始まり、あっという間に食料を始め物資が欠乏し始める。

戦争に負けて故郷東京に帰ってくると、その東京はB—29の爆撃で真っ平（まったいら）。

昭和通り近く、焼け跡に立てたバラックの我が家から、有楽町の高架を省線（現JR）の走るのが見えた。

余計な話が長くなったが、そんなところから、以前はどうで、それが今どうなって、それは何故か、これからどうなる——を考え始めたということかもしれない。振り返ると大学のゼミナールも、後に東大に転じ、さらに図書館大学学長になった松田智雄先生の「経済史」学がテーマだった。

と書いたところでもう一つ思い出した〝昔〟のことがある。

現在も発行されているかどうかわからないが、ドイツが東西に分割されていた頃、西ドイツに「ＤＭ」（ドイッチェ・マルク）という週刊誌があったことを。

アメリカで言えば「コンシューマーズ・リポート」。「暮しの手帖」のドイツ版だ。当然、くるまも商品テストの対象になる。トランク・スペースの大きさも比較対象のひとつだが、人間の右脳を使う機械「くるま」のことだから、消費者のくるま選びに参考になる切り口も、様々有るユーザーが。その切り口を毎週ひとつ取り上げ、市販車を横並び写真つきで点数をつけるのだ。「間違いだらけのくるま選び」をしないために。

だが、その「ＤＭ」誌の点数と、メーカー開発陣の〝思い〟とは異なる。異なって当たり前だが、ベストセラーのフォルクスワーゲン社などから、しょっちゅう、訴訟が起こされていた。その編集部を訪ねたことがあるが、大仰な肩肘張ったところは少しも無く、女性もいる若い編集者たちは意気軒昂だった。

ちなみに日本で、先年亡くなられた「暮しの手帖」社社長、大橋鎮子さんに「何故くるまは…」商品テストの対象にしないのか、伺ったことがある。「…時期ではなく、うちでは(テストは)しません」だった。

あの時代には海外自動車先進国に、素敵な雑誌がたくさんあった。イギリスで言えば「ザ・モーター」に「オートカー」。その客観的新車テスト記事では、もちろん、エンジンが「…吹き上がる」などの類(たぐい)の珍奇な表現は皆無。日本では「モーター・ファン」(三栄書房)が実施していた大学の研究者などのチームによる権威あるテスト記事などに、示唆になっていたはずだ。

ヨーロッパでは、フランスの「ラルギュス・オートモビル」、「フィガロ」紙の日曜版など。イタリアには「クァトロ・ローテ」「スタイル・オート」があった。その他の国では、自動車クラブ(日本で言えばＪＡＦ)の会員誌が、そんな役割を果たしていた。

そしてアメリカ。一般ユーザー向け雑誌では「ロード・アンド・トラック」「モーター・トレンド」。このほか自動車産業向けにタブロイドの週刊「オートモティブ・ニューズ」、そして、様々な統計を徹底して扱っている「ウオーズ・オートモティブ・リポート」も。何れもこうした出版物を支えるくるまユーザー読者と、何よりも自動車産業、そして車文化があるからだろう。

さて日本は…、とはいわない。老兵は消え去るのみだから。

あとがき

兵器を開発・製造しない——。創業いらいこのことを経営の根底に流れる精神にしている、とトヨタ自動車は伝えられている。ここで「ランドクルーザーが戦場で…」などとは言わないで欲しい。それは、自動車の問題ではなくて、自動車を使う人間の方の問題なのだから。

世界のホンダの創業者本田宗一郎さんも、ことある毎に同様のことを語られていたのをいま思い出す。

その自動車が、社会の、生活の、あらゆるシーンに在ることを考えると、その自動車は世界平和を象徴する広い意味での「メディア」と考えていい。そしてその社会の生活のあらゆるシーンのいくつかが、ここでスケッチ出来ているだろうか——、といま考えている。

もし、いくらかでもその目的が達成されていたら、それは出版社経営で孤軍奮闘している小林謙一さん、全国の書店の陳列棚に少しでも長い時間〝滞留〟させるには如何したらいいかを考えてくれた山田国光さん、そして編集スタッフの佐藤邦仁さん、木南ゆかりさんのご努力の結果にちがいない。

もう一つ、序文を優秀な後輩の一人、武川明君が書かれているのも、嬉しい方での驚天的出来事だ。これからも頑張って欲しいと思う。

最後に、原文は、一部を除いて発表時のままとさせていただいた。日進月歩のくるま社会の中で読者にタイムスリップを強要することをお許し下さい。

本書は、一九九六年から二〇〇七年まで「自動車販売」に連載されたコラムから抜粋、加筆してまとめた。

【協力】（順不同、敬称略）

トヨタ自動車株式会社
日産自動車株式会社
三菱自動車工業株式会社
浅井貞彦
石澤和彦

自動車史料保存委員会

栗山定幸（くりやま・さだゆき）
1933年東京都生まれ。立教大学卒。日刊自動車新聞社 元常務取締役。ＮＰＯ法人日本自動車研究者 ジャーナリスト会議（ＲＪＣ）元会長。日刊自動車新聞の論説を担当するとともに、同紙コラム「霧灯」を1976年から1992年まで執筆。
長年、記者として日本と世界のモータリゼーションをテーマに多くの取材を行ない、現在も研究対象としている。ＮＰＯ法人日本自動車研究者 ジャーナリスト会議（ＲＪＣ）会員、自動車史研究会会長、日本エッセイスト・クラブ、日本ペンクラブ会員。
著書に『「自動車そして人」日本自動車教育振興財団10年の歩み』（財団法人日本自動車教育振興財団）『一車千里　新聞記者が見た、クルマがあこがれだった時代から現在までのモータリゼーション』（三樹書房）ほか、ペンネームでの執筆を含め小論、エッセイなど多数。

モータリゼーションの風景
最前線で取材してきたジャーナリストが伝えたいこと

2013年9月26日初版発行

著　者……栗山定幸
発行者……小林謙一
発行所……三樹書房
〒101-0051　東京都千代田区神田神保町1-30
TEL 03(3295)5398　FAX 03(3291)4418
http://www.mikipress.com
印刷・製本：中央精版印刷株式会社